独ソ戦車戦シリーズ
4

モスクワ防衛戦
「赤い首都」郊外におけるドイツ電撃戦の挫折

著者
マクシム・コロミーエツ
Максим КОЛОМИЕЦ

翻訳
小松徳仁
Norihito KOMATSU

監修
齋木伸生
Nobuo SAIKI

БИТВА
ЗА МОСКВУ
30 сентября - 5 декабря 1941 года

大日本絵画
dainipponkaiga

目次　contents

- 2 ● 目次、原書スタッフ
- 3 ● 序文
- 4 ● **第1章**
  ドイツ国防軍の進撃
  Осеннее наступление вермахта
  - 4　独ソ両軍の計画
  - 9　1941年9月30日～12月5日のモスクワ方面での戦闘の推移
  - 17　赤軍戦車部隊
- 23 ● **第2章**
  モスクワ防衛戦におけるソ連軍戦車部隊
  Советские танковые войска в обороне Москвы
  - 23　モスクワ防衛戦初期の戦車部隊の活動（1941年10月2日～15日）
  - 42　モジャイスク防衛戦主防御線とカリーニン～
    トゥーラ地区での戦車部隊の活動（10月16日～30日）
  - 58　11月1日～15日の戦車部隊の活動
  - 73　モスクワ近郊での戦車部隊の活動
  - 80　11月20日～23日のクリン防衛戦
  - 84　11月21日～24日のイーストラ地区における戦車部隊の活動
  - 86　11月25日～30日のソンネチノゴールスク方面での戦い
  - 95　11月18日～12月5日の西部方面軍戦車部隊
  - 107　11月16日～12月5日の西部方面軍中央部での赤軍戦車部隊
  - 117　12月1日～4日の西部方面軍翼部の赤軍戦車部隊
  - 120　まとめ
- 67 ● **塗装とマーキング**
- 123 ● モスクワ防衛戦参加独立戦車大隊一覧／参考文献と資料

原書スタッフ

発行所／有限会社ストラテーギヤ KM
　　　　ロシア連邦　125015　モスクワ市　ノヴォドミートロフスカヤ通り5-A　16階　1601号室
　　　　電話：7-095-787-3610

発行者／マクシム・コロミーエツ　　　　　　　美術編集／エヴゲーニー・リトヴィーノフ
プロジェクトチーフ／ニーナ・ソボリコーヴァ　校正／ライーサ・コロミーエツ
カラーイラスト／セルゲイ・イグナーチエフ　　地図／パーヴェル・シートキン
資料翻訳／アレクセイ・イサーエフ、ヴァシーリー・フォーファノフ

■写真キャプション中の「付記」は、日本語版（本書）編集の際に、監修者によって付け加えられた。

序文

　大祖国戦争［注1］の大きなエピソードの中でも、モスクワ防衛戦は特別な位置を占めている。なぜなら、まさにここでドイツ国防軍は第二次世界大戦勃発以来初の大敗を喫したからである。このモスクワ郊外の戦場にこそ、ブリッツクリーグ（電撃戦）構想［注2］は完全に葬られ、赤軍はナチス・ドイツ軍に対する勝利の礎石を置いたのだった。

　ソ連軍はモスクワ郊外の戦いを、一連の激しい防御作戦から攻撃作戦へと発展させていった。この戦いは1941年9月30日から翌42年4月20日までの6カ月以上にわたり、そこに投入された独ソ両軍の兵力は、将兵300万名、砲及び迫撃砲2万2,000門、戦車3,000両、航空機2,000機を超え、戦線は1,000km以上に延びた。

　本書では、1941年9月30日から12月5日までのソ連側の守勢段階のみを考察している。しかも、この戦いの規模の大きさ、またそれとは対照的なほどの資料・文献の少なさから、赤軍戦車部隊の活動に焦点を絞った。本書は、モスクワ防衛戦における赤軍戦車部隊の役割を明らかにしようとする初の試みであり、このテーマを総合的に研究し尽くしたものではもちろんない。

　本書の執筆・刊行にあたりご協力いただいた軍事史研究所のミロスラーヴァ・モローゾヴァ研究員、中央軍事博物館のナターリヤ・ラヴレンコ、オーリガ・トルストーヴァの両研究員、そして戦史研究の同志であるオレーグ・バラノーフ、ミハイル・マカーロフ、ミハイル・スヴィーリンの各氏にお礼を申し上げたい。

　　　　　　　　　　　　　　　　　　マクシム・コロミーエツ

［注1］独ソ戦のことをソ連・ロシアではこう呼んでいる。（訳者）

［注2］戦車による攻撃力・機動力、そして航空戦による攻撃力を組み合わせた衝撃力を活かし、敵戦線を突破するとともに、機動的突進によって敵の統帥機構に対応する時間を与えずに急速に敵戦争能力の破壊をもたらし　勝利を得る戦略。イギリスの戦略家リデル・ハートの機動戦理論を基にグデーリアンらによって完成されたものといえる。（監修者）

1：攻撃準備最中のドイツ軍部隊。IV号戦車E型（Pz.Kpfw.IV Ausf.E）に跨乗する歩兵。1941年10月。（フランス陸軍公文書館所蔵、以下ESPAと表記）

付記：IV号戦車E型は、D型を改良し特に装甲強化を図ったタイプで、車体前側面に30〜20mmの増加装甲板が取り付けられている。1940年9月から1941年4月までに223両が生産された。向こう側にはIII号戦車EかF型の改修型が見える。跨乗する歩兵は迫撃砲チームのようで、砲塔脇に二脚を背負った兵士、車体後方に砲身を背負った兵士が見える。

第1章
ドイツ国防軍の進撃
Осеннее наступление вермахта

独ソ両軍の計画
ПЛАНЫ СТОРОН

　1941年9月6日、アドルフ・ヒットラーは東部戦線における新たな大攻勢に関する訓令第35号にサインをした。これによって、対ソ戦の主軸が再びモスクワ方面に戻された。ドイツ中央軍集団に対しては、11月末に攻勢に移り、「ヴャージマ方面での両翼包囲によって、スモレンスク東方に位置する敵を殲滅せよ」との命令が出された。

　1941年9月16日、中央軍集団司令官のフォン・ボック元帥は配下部隊にモスクワ占領作戦の準備に関する訓令を発し、この作戦には「タイフーン」（台風）というコードネームが付けられた。

　フォン・ボック元帥の計画は第35号訓令と異なり、3本の主攻勢作戦軸を想定していた。というのも、9月半ばには、キエフ郊外のソ連軍部隊が壊滅した結果、ドイツ軍司令部にはモスクワ方面に増

4

援兵力を追加投入する余裕ができたからである。

　作戦の企図は、東方向と北東方向で3つの攻撃を発起し、ヴァージマ地区とブリャンスク地区のソ連軍部隊を包囲殲滅することにあった。ドイツ第9軍は第3戦車集団（H・ホート司令官）を受領して、戦車師団3個と自動車化師団2個を含む計23個師団の兵力をもって、戦線左翼のドゥホーフシチナ地区から攻撃を発起することになった。そして、ヴァージマ～ルジェーフ間の鉄道線に進出し、ヴァージマを北と東から取り囲むことを狙った。第9軍のほぼ全兵力は第1梯団に集中され、その結果1個師団につき前線3.2kmという非常に高い作戦密度が達せられた。

　ドイツ第4軍は、自らの指揮下に移された第4戦車集団（E・ヘプナー司令官）とともに22個師団の兵力を有し、その中には戦車師団5個と自動車化師団1個があった。第4軍はロースラヴリ地区から攻勢に移り、主攻撃をワルシャワ街道沿いに発起した。そして、スパース・デーメンスクに進出するやいなや、北に進路を変えてヴァージマ方面に向かい、ソ連西部方面軍の主力を包囲しなければならなかった。

　第4軍部隊は2個梯団に分かれ、正面56kmの突破戦区には歩兵師団10個と戦車及び自動車化師団のすべてが集結された。それゆえ、ここの兵力の密度も、1個師団あたりの前線が3.3kmとかなり高かった。

　歩兵師団8個を抱えるドイツ第2軍は、デスナー川沿いのソ連ブリャンスク方面軍第50軍部隊の防御を突破し、それと同時に第4軍の翼部を援護することになっていた。

　歩兵師団6個と戦車師団5個、自動車化師団3個、騎兵師団1個を持つG・グデーリアン将軍の第2戦車集団は、中央軍集団の右翼で行動し、主攻撃の矛先をショーストカ地区からオリョール、トゥーラ方面に向け、さらに補助的な攻撃をブリャンスクに仕掛けた。グデーリアン司令官は、主突破攻撃を54kmの前線で戦車師団4個と自動車化師団1個の戦力をもって実行することを決めた。

　当初、作戦開始は9月28日に計画されていたが、北方軍集団から部隊を移動させ、またキエフ郊外の戦線から第2軍と第2戦車集団を外すのにもう少し時間を必要とした。そのため、第2戦車集団は9月30日に、そして残る部隊は10月2日に作戦を開始した。

　モスクワ方面の中央軍集団には全部で64個師団の兵力が集結され、そのうち戦車師団は13個、自動車化師団は6個を数えた。また、兵員の数は180万名、砲及び迫撃砲の数は1万4,000門、戦車は2,000両、航空機は1,390機に上った。これほどの大兵力をひとつの軍集団の中で用い、しかもひとつの戦略方面に戦車集団4個のうちの3個を展開させるのは、それまでのドイツ軍にはなかったこ

とである。つまり、東部戦線にあった総兵力のうち、兵員の42％、戦車の75％、砲及び迫撃砲の33％がモスクワ方面に割かれたことになる。

1941年9月10日時点のドイツ国防軍戦車師団の兵力構成

戦車師団番号	Ⅰ号戦車	Ⅱ号戦車	Ⅲ号戦車	35(t)戦車	38(t)戦車	Ⅳ号戦車	指揮戦車	計
1	10	35	56	—	—	13	9	123
2	—	63	105	—	—	20	6	194
3	9	43	73	—	—	22	11	158
4	8	34	83	—	—	16	21	162
5	—	55	105	—	—	19	6	185
6	9	42	—	110	—	24	11	196
7	10	44	—	—	129	21	13	217
9	13	30	59	—	—	18	9	129
10	11	44	86	—	—	19	15	175
11	10	34	54	—	—	17	18	133
17	4	31	67	—	—	19	7	128
18	14	39	123	—	—	31	10	217
19	6	22	—	—	87	19	10	144
20	4	19	—	—	96	22	2	143
計	108	535	811	110	312	280	148	2304

著者注：この表の数字には9月10日時点で各師団が保有していた戦車がすべて含まれている。しかし、一部は修理中、さらにある程度は10月初めまでに失われていたことから、タイフーン作戦開始時の戦闘可能車両は表中の数よりも少なかった。

2：戦場でのT-37水陸両用戦車の修理作業。西部方面軍第107自動車化狙撃兵師団、1941年9月末。（「ストラテーギヤKM」社所蔵、以下ASKMと表記）
付記：T-37水陸両用戦車は1933年に制式化され1936年までに、指揮車型などを含め2,627両が生産された。小型の偵察用戦車で、武装には機関銃を備え、最大装甲厚は9mmであった。旧式化が進んでいたが、1941年1月1日時点でも2,225両が保有されていた。

3：撃破されたスペイン製装甲自動車AAC-37を調べる赤軍兵。この種の車両はドイツ軍部隊に数台配備されていた。装甲自動車のフェンダーには偵察部隊の戦術識別章が見える。西部方面軍、1941年9月30日。（ロシア国立映画写真資料館所蔵、以下RGAKFDと表記）
付記：従来、ほかの資料ではこの車体はドイツ軍が捕獲したBA-10と分類されていた。

　ドイツ中央軍集団の行く手にはソ連の3個方面軍——西部方面軍、予備方面軍、ブリャンスク方面軍——が待ち受けていた。西部方面軍（I・コーネフ将軍）は第16、第19、第20、第22、第29、第30軍を配下に従え、全部で狙撃兵師団30個、自動車化狙撃兵師団2個、騎兵師団3個、要塞地帯2個、自動車化狙撃兵旅団1個、戦車旅団4個、自動二輪連隊2個、その他の部隊を抱えていた。西部方面軍の総兵力は、兵員32万名、戦車475両、火砲2,253門、迫撃砲733門、航空機272機を数えた。方面軍配下部隊の作戦隊形には6個軍すべてが含まれ、1個梯団の中に展開された。各軍はそれぞれ2個梯団の隊形をとった。西部方面軍司令官は、スモレンスク〜ヴャージマ街道沿いの第16軍と第19軍の連接部に対してドイツ軍が攻撃を仕掛ける可能性が最も高いと判断していた（しかし、この推察はあたらなかった。なぜならば、ドイツ軍はこの幹線道路よりも北と南で攻撃を発起したからである）。それゆえ、これらの軍の戦区はもっとも狭く、防備強化のためにほかの軍よりも多くの戦車と砲を受領した。これら6個軍の防衛地帯には、方面軍予備部隊の主力も配置されていた（狙撃兵師団1個、自動車化狙撃兵師団1個、戦車旅団3個、自動二輪連隊2個）。その他の方面軍予備兵力（狙撃兵師団1個、自動車化狙撃兵師団1個、騎兵師団1個）はベールイ地区に置かれていた。各軍の防御縦深は15〜20kmを越えず、方面軍予備部隊のそれを含めても35〜50km程度であった。

1941年10月1日時点の西部方面軍戦車部隊の兵力構成

部隊名	KV	T-34	BT	T-26	T-37	計
第107自動車化狙撃兵師団	3	23	1	92	6	125
第101自動車化狙撃兵師団	3	9	5	52	—	69
第126戦車旅団	1	—	19	41	—	61
第127戦車旅団	5	—	14	37	—	56
第128戦車旅団	7	1	39	14	—	61
第143戦車旅団	—	9	—	44	—	53
第147戦車旅団	—	9	23	18	—	50
計	19	51	101	298	6	475

　S・ブジョンヌイ元帥率いる予備方面軍6個軍（第24、第31、第32、第33、第43、第49軍——狙撃兵師団25個と戦車200両強の戦車旅団4個）のうち、2個軍（第24及び第43）のみが第1梯団を編成し、西部方面軍とブリャンスク方面軍の中間に配置されていた。別の3個軍は西部方面軍の後方で防衛線を構築していた。第33軍は方面軍予備としてスパース・デーメンスク地区に集結させられた。このような作戦隊形は全体的にみて、第1梯団に配置された軍が方面軍主力から引き離された形となり、その指揮を困難にした。

　A・エリョーメンコ将軍が指揮するブリャンスク方面軍は、それまでの戦闘でかなり疲弊した第3、第13、第50軍とエルマコーフ作戦集団を配下に抱え（狙撃兵師団23個、騎兵師団4個、戦車師団1個、戦車旅団4個）、その前線は290kmに及んだ。これらの軍はすべて1個梯団の中に展開配置され、それぞれ幅広い防衛地帯を任されていた。方面軍予備は狙撃兵師団3個と戦車旅団1個からなり、ブリャンスク地区に控えていた。

1941年9月27日時点のブリャンスク方面軍戦車部隊の兵力構成

部隊名	KV	T-34	BT	T-26	T-40	T-50	計
第108戦車旅団	3	17	1	—	20	—	41
第42戦車旅団	7	22	—	—	32	—	61
第121戦車旅団	6	18	—	46	—	—	70
第141戦車旅団	6	10	22	—	—	—	38
第150戦車旅団	—	12	—	—	—	8	20
第113独立戦車大隊	—	4	—	11	—	—	15
計	22	83	23	57	52	8	245

4：戦闘準備にかかっているT-38水陸両用戦車中隊。西部方面軍、1941年9月末。(ASKM)

付記：T-38水陸両用戦車はT-37の小改良型で、1936年に制式化され1939年までに、指揮車型などを含め1,382両が生産された。T-37同様小型の偵察用戦車で、武装は機関銃、最大装甲厚は9mmであった。1941年1月1日時点では1,090両が保有されていた。T-37は砲塔が車体右寄りにあるのに対して、T-38は左寄りにあるのが大きな相違である。

1941年9月30日〜12月5日のモスクワ方面での戦闘の推移
ОБЩИЙ ХОД БОЕВЫХ ДЕЙСТВИЙ НА МОСКОВСКОМ НАПРАВЛЕНИИ
30 СЕНТЯБРЯ – 5 ДЕКАБРЯ 1941 ГОДА

　9月30日朝5時、ドイツ第2戦車集団の配下師団はソ連ブリャンスク方面軍の左翼部隊に対して攻撃を発起した。この地区にいたエルマコーフ作戦集団の部隊もこの日に攻勢に転じなければならなかったのだが、防御準備が未整備で掩蔽物もない場所でドイツ戦車の攻撃に捕捉されてしまった。赤軍部隊は大きな損害を出して、後退を始めた。この日ドイツ軍部隊は15〜20km前進した。翌朝ブリャンスク方面軍司令部が実施した反撃はその目的を達せず、反撃部隊はさんざん叩きのめされてしまった。正午までにドイツ軍はセーフスクを獲得し、夕刻にはドイツ軍の突破縦深は80kmに及んだ。

　10月2日の朝、ドイツ第3及び第4戦車集団はソ連西部方面軍及び予備方面軍の防壁に強力な体当たりを敢行し、20〜40kmの前進を果たした。この日の終わりには、ヘプナー戦車集団の配下師団がソ連予備方面軍第2梯団の第33軍に攻撃を仕掛けた。このとき、グデーリアンの戦車部隊はブリャンスク方面軍防衛地帯に120kmも斬り込んでいた。ドイツ軍の航空部隊はブリャンスク方面軍と西部方面軍の指揮所を叩き、赤軍部隊間の通信連絡は混乱してしまった。

　10月3日時点のドイツ軍の前進距離は、西部方面軍地区で50km、予備方面軍地区では80kmに達し、ブリャンスク方面軍地区ではグデーリアン戦車部隊がほぼ120kmの距離を駆け抜け、ソ連軍の不意を衝いてさらにオリョールにも突入した。

　ドイツ軍の主攻撃方面にあった赤軍部隊は大損害を出しながら後

退し、反撃を繰り返してはドイツ軍の進撃をなんとか押し留めようとしていた。

10月6日、ソ連西部方面軍部隊は東方への撤退開始の命令を受領した。しかし、時すでに遅く、10月7日にはヘプナーとホートの戦車部隊がヴャージマで合流し、包囲の環が閉ざされてしまった。その2日後には、ドイツ軍はブリャンスク方面軍の部隊をも包囲した。この結果、ドイツ軍は赤軍の防衛地帯に幅500kmの突破口を切り拓き、他方のソ連軍にはモスクワを守るための部隊がなくなってしまった。ソ連軍最高総司令部（スタフーカ）は大急ぎでモジャイスク方面に第5軍の編成を始め、モスクワ方面のすべての部隊とそこに到着しつつあった予備兵力は新たに編成されたモスクワ予備方面軍によって統合された。トゥーラ方面の防衛のために、最高総司令部の直属下に第26軍が編成された。その編制に含まれていた第1親衛狙撃兵軍団はグデーリアン戦車部隊の進撃をムツェンスク郊外で引き留めることに成功した。10月10日に西部方面軍と予備方面軍は、西部方面軍として1個に統合され、その司令官にはG・ジューコフ将軍が任命された。

ヴャージマとブリャンスクの郊外で展開された戦闘は、64個師団と戦車旅団11個、砲兵連隊50個が「鍋」の中に取り残されると

5：歩兵をデッキに載せて攻撃に向かうⅢ号戦車（Pz.Kpfw.Ⅲ）。1941年10月、スパース・デーメンスク地区。(ドイツ国立公文書館所蔵、以下ブンデスアルヒーフの略BAと表記)

付記：手前のⅢ号戦車はF～H型だがそのうちのどれかは判然としない、向こうは新型のJ型で車体後部張り出し部の形状の違いがわかると思う。Ⅲ号戦車F型は1939年9月から1940年7月までに435両生産、G型は1940年4月から1941年2月までに600両生産、H型は1940年10月から1941年4月までに308両生産、J型（短砲身型）は1941年3月から1942年7月でに1,549両が生産された。

6：前線に向かうドイツ第3戦車集団のオペル・ブリッツ3.6-36S自動車の縦隊。先頭車両の右フェンダーには、第3戦車集団司令官のイニシャル「HH」（ヘルマン・ホート）をデザインした識別章が見える。1941年10月。（ASKM）

付記：3t中型不整地貨物車は各社で生産されたが、そのうちオペル社の生産したものがいわゆるオペル・ブリッツである。戦前の商用型を改良強化した車体で、4×2タイプの3.6-36Sと4×4タイプの3.6-6700Aがあった。そのほかハーフトラックのマウルティアのベースにもなり、合計で7万両以上が生産された。

[注3] 徴兵後一定期間の訓練をするための部隊。（訳者）

いう、赤軍にとって悲劇的な結果に終わった。これらの部隊は10月14日まで組織的な抵抗を続け、その一部は包囲を突破して友軍と合流することができたものの、大半は戦死もしくは捕虜となった。人員の損害は100万名に上り、そのうち（ドイツ側の資料によれば）約68万8,000名が捕虜であった。包囲下にはまた、およそ6,000門の砲と830両の戦車が取り残された。

10月半ばもドイツ軍の進撃は続いた。10月13日、ドイツ戦車部隊はカリーニンに進出、その2日後にはこの都市を制圧し、この間に40kmの前進を遂げた。10月17日、ソ連軍最高総司令部はコーネフ将軍を司令官とするカリーニン方面軍を編成した。その編制には、第22、第29、30、第31の各軍、それにカリーニン防衛のために編成されたヴァトゥーチン集団が入っていた。

モジャイスク防衛線掩護のために、最高総司令部はそこに狙撃兵師団4個と予科狙撃兵連隊［注3］3個、機関銃大隊5個、戦車旅団7個その他の部隊を緊急展開させた。10月13日、ヴォロコラームスク、モジャイスク、マロヤロスラーヴェッツ、カルーガの各方面で行動していた部隊は、それぞれ第16、第5、第43、第49軍に統合編成された。これらの方面での戦闘は、ヴャージマ郊外のドイツ軍占領地区が解放され、赤軍予備兵力が接近するにしたがって、激しさを増していった。連綿と続く前線というものは存在せず、ソ連軍の抵抗拠点に

ぶつかると、ドイツ軍はそれらを迂回して、さらに進撃を続けていった。とはいえ、赤軍部隊は信じられないほどの努力と甚大な損害を代償に、モジャイスク防衛線上のドイツ軍の進撃を遂にストップさせることに成功した。モスクワの西方に、しばしの静寂が訪れた。

モジャイスク方面と同時にトゥーラ郊外でも粘り強い戦いが展開されていた。グデーリアン部隊は小休止を取った後攻撃を再開し、10月29日にはトゥーラ市に迫った。しかし、ここでソ連第108戦車師団と第260狙撃兵師団、NKVD [注4] 連隊、トゥーラ労働者連隊、警察大隊 [注5] によってその足を止められてしまった。厳しい戦闘は11月7日まで続き、ソ連第3軍及び第50軍が反撃に出たため、グデーリアンは10日間も進撃を中断せざるをえなかった。

中央軍集団司令官は、攻勢作戦を冬の到来までに完了させるべく、攻撃再開を急いだ。しかし、補給体制の問題から攻撃再開の日は延びていった。このため、部隊は最小限の装備しか持たないにもかかわらず、ボック元帥は11月15日までには攻撃を開始するよう命令を発した。

最初に攻撃を発起したのはドイツ第9軍であった。ソ連カリーニン方面軍第30軍部隊（11月17日以降、西部方面軍に所属）は防御を突破され、ヴォルガ河の向こう岸に駆逐された。ドイツ第3戦車集団はクリンを襲い、第4戦車集団は11月20日までに25〜30kmの前進を果たした。

7：戦闘配置についたドイツ第11戦車師団の指揮戦車（Pz.Befehlswagen、I号戦車B型Pz.Kpfw.I Ausf.Bベース）1941年10月、スパース・デーメンスク地区。（ESPA）
付記：I号指揮戦車はごく少数がA型から製作されたが、写真のB型ベースの車体が一般的なタイプである。砲塔を撤去し上部構造物を拡大して、無線機その他所要機材を搭載している。1935年から1937年にかけて184両が生産された。

8：燃えさかる村を通過するIII号戦車。車体側面、それに車体後部に取り付けられた箱にはドイツ第11戦車師団の部隊章が描かれている。1941年10月。（ESPA）
付記：III号戦車J型である。第11戦車師団は、フランス戦役後の1940年8月に第5戦車師団から抽出された第15戦車連隊を基幹に編成されたもので、写真の戦車に乗って剣を構えた幽霊のマークがシンボルとなっている。1941年4月にはバルカン作戦に参加し、1941年6月のバルバロッサ作戦では南方軍集団に所属しウマーニ包囲戦に参加、その後モスクワ攻略作戦に転じている。

[注4] エヌカヴェデーと読み、内務人民委員部の略。（訳者）
[注5] 正規軍の兵力不足から、労働者や警察官による武装戦闘部隊まで編成された。（訳者）

9：ドイツ国防軍第36自動車化師団司令部の自動車縦隊。写真手前のバスはMAN社のE3000型である。1941年10月4日。(ASKM)
付記：本車はMAN E3000 3t中型貨物車と同じ車台を使用しバス型ボディを搭載している。エンジンには70馬力のディーゼルエンジンを搭載し最大速度は60km/hであった。1940年から1944年まで生産された。

11：砲塔に「ファシストどもを叩け」と書かれたT-34中戦車が戦場に急いでいる。西部方面軍第107自動車化狙撃兵師団、1941年10月。(ロシア中央軍事博物館所蔵、以下CMAFと表記)

付記：T-34中戦車はBT快速戦車に代わる新型中戦車で、1940年終わりに生産が開始された。強力な武装と強靭な装甲、優れた機動力を備えた優秀な車体であった。写真の車体は「1941年型」(この形式分類自体は後の戦史研究者らによる便宜的なもので、ソ連軍による正式のものではない。ゆえに人により異なる場合があっても、それぞれは間違いとはいえない)の初期のタイプで、操縦手用ハッチ、機関銃防盾、シャックルかけの形状が、後の生産車体と異なっている。

10:BT-7快速戦車の支援を受けながら攻撃に向かう赤軍歩兵。西部方面軍第107自動車化狙撃兵師団、1941年10月。(ASKM)
付記:BT-7快速戦車はクリスティ式装輪装軌走行装置を持つ快速戦車の、BT-2、5に次ぐ3番目のバリエーションで、1935年から1939年に2,596両(指揮戦車型、火力支援型含まず)が生産された。写真は円筒形砲塔を持つ初期型で1937年まで生産された。

12:戦場を目指すT-34中戦車。西部方面軍第107自動車化狙撃兵師団、1941年10月。(CMAF)
付記:やはりT-34 1941年型初期生産型で、前の写真同様の特徴がある。停まっているのでほとんど平板の履帯パターンの特徴もわかる。

西部方面軍の戦況は再び激化した。11月23日にドイツ軍はクリンとソンネチノゴールスクを落とし、モスクワを北から迂回するだけでなく、赤い首都を直接攻撃するチャンスをも手にしたのだった。ところが、ソ連軍最高総司令部のとった措置により、第16軍がイーストラ川～イーストラ貯水池の線に送られ、5日間にわたってドイツ第4戦車集団の進撃は足止めされた。

　だが、クリン東方ではドイツ軍の勢いを制止することはできなかった。第3戦車集団に圧迫されてソ連第16軍及び第30軍の連接部には断裂が生じ、ドイツ戦車部隊はこれを利用して、11月28日にかけての夜半にヤフローマ地区のモスクワ記念運河にかかる橋を奇襲獲得し、運河の東岸に渡河した。この時点までに第4戦車集団はソ連第16軍部隊を駆逐して、11月30日にはクラースナヤ・ポリャーナを占領した。

　ソ連最高総司令部は形勢の安定化を図るため、予備の第1突撃軍と第20軍を西部方面軍に与えた。第1突撃軍の反撃は、ヤフローマ地区のドイツ軍部隊をモスクワ記念運河の西岸に追い返し、第20軍は敵の進撃をクラースナヤ・ポリャーナで食い止めた。

　12月1日の朝、ドイツ第4軍と第3及び第4戦車集団の配下部隊は、前線全域で再び攻勢に転じた。しかし、ソ連軍部隊の抵抗を挫くことはできなかった。ただ、ソ連第33軍の防衛地帯においてのみ、ドイツ戦車部隊はナロ・フォミンスクの北を突破して、クビンカとアプレーレフカまで進むことができたにすぎなかった。ナロ・フォミンスクの南ではドイツ軍はソ連軍防衛地帯に5～10km食い込むことができたが、方面軍予備と第33軍の兵力からなるM・エフレーモフ将軍の部隊が反撃に出て、12月5日はソ連軍の形勢が回復された。

　西部方面軍の南翼でも緊迫した状況が生まれていた。11月18日にドイツ第2戦車集団の戦車群がソ連西部方面軍と南西方面軍の連接部の防御を突破し、トゥーラを東から迂回し始めたのだった。11月25日、ドイツ戦車部隊はカシーラ地区まで進出したが、P・ベローフ将軍の率いる騎兵軍団の反撃で進撃を止められた。

　12月2日朝、ドイツ第2戦車集団はふたつの攻撃を発起し、トゥーラの北の包囲環を狭めようとした。12月4日までにドイツ軍はトゥーラとモスクワを結ぶ鉄道と街道を遮断することに成功した。しかし、ソ連軍部隊の反撃はドイツ軍にここで防御に転ずることを強いた。

　こうして、12月5日にはドイツ軍の進撃は西部方面軍地区全域で制止され、赤軍大反攻の機が熟したのだった。

赤軍戦車部隊
ТАНКОВЫЕ ЧАСТИ КРАСНОЙ АРМИИ

　大祖国戦争の勃発まで、赤軍機甲兵力の最上級戦術組織は機械化軍団であり、戦車師団2個（戦車各375両）と自動車化師団1個（戦車275両）、自動二輪連隊1個、その他の特殊部隊から編成され、全部で1,031両の戦車が装備定数であった。1941年6月22日時点で、赤軍には機械化軍団が29個あり（戦車師団58個と自動車化師団29個）、さらに個々の戦車師団3個と自動車化師団2個、装甲自動車旅団1個、戦車大隊2個、騎兵師団所属の戦車連隊9個があった（通説とは異なり、1941年6月までに狙撃兵師団所属の戦車大隊はすべて編成を解かれていた）。

　1941年秋の時点では、赤軍戦車部隊が保有する戦車台数は、絶え間ない戦闘と大きな損害によって大幅に減少していた。そのため、機甲兵力の編制にも根本的な修正を必要とした。機械化軍団は編成を解かれ、その代わりに定数を縮小した個々の戦車師団と自動車化狙撃師団とが編成され、やや後になってからは、戦車旅団と自動車化狙撃旅団、戦車大隊に改編された。1941年7月6日に承認された定数第010/44号によれば、戦車師団は戦車連隊2個と自動車化狙撃兵連隊、砲兵連隊1個、補給部隊1個から編成され、全部で215両の戦車を保有し、その内訳はKV重戦車20両、T-34中戦車42両、T-26軽戦車及びBT快速戦車153両であった。7月と8月には全部で10個の戦車師団が編成された（第101、第102、第104、第105、第107〜第112）。極東とザカフカース地方に配置されていた戦前編成の戦車師団もまた、新編制に移行された。モスクワ防衛戦に参加したのは、第58（戦前編制）と第108、第112の3個戦車師団であった。1942年1月、これらの師団は戦車旅団に改編された。

　同じく1941年7月6日に承認された縮小編制の自動車化狙撃兵師団は、自動車化狙撃兵連隊2個と戦車連隊1個、砲兵連隊1個、補給部隊1個からなっていた。戦車連隊（戦車大隊3個と自動車化狙撃兵大隊1個）は、KV重戦車7両、T-34中戦車22両、T-26軽戦車及びBT快速戦車64両の計93両を保有していた。いくつか残っていた戦前編成の自動車化狙撃兵師団もまた、新編制に改組された。8月から9月にかけては、縮小定数戦車師団数個が自動車化狙撃兵師団の編制に改められた。

　モスクワ防衛戦には自動車化狙撃兵師団が4個参加した。それは、戦前編成の第1（後に第1親衛に改称）及び第82師団、そして縮小編制戦車師団から改編された第101及び第107師団である。しかも、第84師団には戦車連隊はなく、戦車大隊しかなかった。

　戦車旅団は、1941年8月23日承認の定数第010/78号によれば、

13

13・14：1941年10月17日にトゥルギーノヴォ村で撃破された57mm砲ZIS-4搭載型T-34中戦車（1941年6月～9月に生産された車体）。この車両には、第21戦車旅団戦車連隊司令官のソ連邦英雄ルキン少佐が乗っていた。（ASKM）
付記：57mm砲ZIS-4搭載型T-34は少数が試作されただけなので、このような実戦場での写真は非常に貴重である。車体そのものは、T-34 1941年型の初期型車体が使用されているようだ。車体後部の点検ハッチが角形で、車体後端が丸みを帯びているのがわかる。

　3個大隊編制の戦車連隊1個と自動車化狙撃兵大隊1個、それに個々の中隊5個からなっていた。旅団の保有する戦車は、KV重戦車7両とT-34中戦車22両、T-26軽戦車及びBT快速戦車64両の計93両を数えた。このような定数にのっとって、第4、第11、第31、第145その他数個の旅団が編成された。ところが9月13日にはすでに新たな編制定数第010/87号が導入され、それによると戦車連隊は2個の戦車大隊からなり、61両の戦車を保有することになった（KV重戦車7両、T-34中戦車22両、T-26軽戦車及びBT快速戦車、T-40水陸両用戦車計32両）。この新定数にしたがって、第17、第18、第19、第20、第21、第22、第25その他数個の旅団が編成された。1941年10月9日にはさらに新たな定数第010/306号が登場し、それは、戦車大隊2個と自動車化狙撃兵大隊1個、その他個々の中隊4個から戦車旅団を編成することを想定していた。そして、戦車配備数は全部で46両となった（KV重戦車10両、T-34中戦車16両、T-26軽戦車及びBT快速戦車、T-40水陸両用戦車計20両）。

　1941年10月9日に承認された定数によると、自動車化狙撃兵旅団は自動車化狙撃兵大隊3個と戦車大隊1個、砲兵大隊と高射砲大隊各1個、それに補給部隊から編成された。戦車大隊にはT-34中戦車12両と20両のT-26軽戦車及びBT快速戦車、T-40水陸両用戦車のあわせて32両が配備された。モスクワ郊外の戦いに参加したこの

14

[注6] 各車両の概要は以下の通りである。
T-26：歩兵支援用の軽戦車
BT-2・BT-5・BT-7：装輪装軌式走行装置を備えた快速戦車
T-37・T-38：豆戦車と呼ばれる偵察用水陸両用軽戦車、T-40はこれに代わる水陸両用の軽戦車
T-28：多砲塔の中戦車
T-50：T-26に代わる歩兵支援用軽戦車
T-34：新型の中戦車
KV：新型の重戦車
BA-3・BA-6・BA-10：軽戦車なみの火力を持つ6輪装甲車
BA-20、FAI：機関銃装備の軽装甲車
コムソモーレツ：装甲ボディを持つ砲兵牽引車
MS-1：1920年代に作られた超旧式戦車
BA-27：1920年代後半に開発された旧式装甲車。
（監修者）

ような旅団は、第151及び第152旅団と独立自動車化狙撃兵旅団1個の計3個であった。

1941年8月23日に承認された定数第010/85号に基づいて編成された個々の戦車大隊は、戦車中隊3個と独立戦車小隊3個を持ち、計29両の戦車（T-34中戦車9両及び軽戦車20両）を装備していた。いくつかの大隊は、4個の戦車中隊から編成されていた（戦車36両）。

このほか、狙撃兵師団のなかには、師団司令部警備用に個々の戦車中隊を有する師団もあった。このような中隊は15両の装甲車両を持ち、車種はおもにT-37とT-38であったが、T-27、T-26または装甲自動車の場合もあった。似たような中隊は、各軍司令部警備大隊の編制下にもあったが、兵器の数は若干多く、17～21両の戦車か装甲自動車を持っていた。

戦車部隊に配備されていた兵器はかなり雑多であった。モスクワ防衛戦では戦前にソ連で生産されたあらゆるタイプの戦車・装甲車両が使用された――T-26全種、BT-2、BT-5、BT-7、T-37、T-38、T-40、T-27（45㎜砲牽引車として）、T-28（少数）、T-50、T-34、KV、BA-3、BA-6、BA-10、BA-20、FAI、装甲牽引車T-20「コムソモーレツ」、さらにMS-1戦車やBA-27装甲自動車といった"珍品"までが使用された[注6]。ひとことでいえば、走れるものや撃てるものは何でも使われた。しかも、たとえばA-20軽戦車やT-29中戦車

19

15・16：コムソモーレツ牽引車A-20の車台に57mm砲ZIS-2を搭載した自走砲ZIS-30の外観。ゴーリキーにあった、いわゆるスターリン記念工場で試作車も含めて計102両が生産された。車両に施された迷彩がはっきりわかる。(ASKM)

付記：本車はコムソモーレツ牽引車をベースにしてその後部兵員スペースに、限定旋回式にZIS-2 57mm対戦車砲を搭載している。ZIS-2は、1941年春に運用が開始された対戦車砲で、口径は57mmだが73口径と極めて長砲身で、500mで140mmの装甲貫徹力を持っていた。

といった、クビンカ演習場にあった試作戦車まで戦場に送られたのである。また、モスクワ郊外の戦いでは、戦時下で生産された新型のT-30とT-60も初めて使用された。T-60軽戦車は後にほかの戦線でも大量に使用されたが、モスクワ防衛戦に参加したT-30（及びその水陸両用型であるT-40）の数はほかに例を見ないほどに多かった。T-40とT-30は1941年の8月から9月の間に、それぞれ全生産台数の40％と80％がモスクワ方面の戦車部隊に供給されたのである。

もうひとつ、ほとんどモスクワ戦でしか使われなかった興味深い兵器がある。それは、装甲牽引車「コムソモーレツ」の車台に57mm対戦車砲ZIS-2を取り付けて作られた自走砲ZIS-30である。この

　兵器の開発は、1941年7月にゴーリキー市の第92工場[注7]で始まった。しかし、「コムソモーレツ」牽引車がなかったため（第37工場は1941年8月にこの牽引車の生産を止めた）、ZIS-30の製造はようやく9月21日に開始することができた。10月15日までに第92工場は101両のZIS-30（最初の試作車両を含む）を組み立てたものの、その後は牽引車の欠乏から生産は中止された。これらすべての車両は、1941年の9月から10月の間に西部方面軍とブリャンスク方面軍の戦車旅団自動車化狙撃兵大隊所属の対戦車砲中隊に配備された（1個中隊につき6両）。

　モスクワ防衛戦はまた、1941年秋からレンド・リース法によってソ連に供給されだしたイギリス戦車が参加した最初の戦いでもある。ただし、その数は少なく、50両を越えなかった。レンド・リースの装甲兵器が大量に使用されるようになるのは、すでに赤軍の反撃が始まった1941年12月半ば以降のことである。

[注7] いわゆるZIS（スターリン記念工場）のことで、革命作家ゴーリキーにちなんで名称を変えられた同市は、ソ連崩壊後は革命前のニージニー・ノヴゴロド市に改められた。（訳者）

17

18

第2章
モスクワ防衛戦におけるソ連軍戦車部隊
Советские танковые войска в обороне Москвы

モスクワ防衛戦初期の戦車部隊の活動（1941年10月2日～15日）
ДЕЙСТВИЯ ТАНКОВЫХ ЧАСТЕЙ НА ДАЛЬНИХ ПОДСТУПАХ К МОСКВЕ [2-15 ОКТЯБРЯ 1941 ГОДА]

　ソ連軍部隊の防衛地帯を突破したドイツ軍は、モスクワにつながる幹線路に進出してそのままモジャイスク防衛線を突破し、モスクワを北と南から攻囲して陥落させようとした。そのため、ドイツ軍は赤軍がモスクワ近郊に新たな防衛線を築くのを許そうとしなかった。ソ連西部方面軍とブリャンスク方面軍は大きな損害を出しながら東に後退を続けていたが、予備兵力の準備と集結の時間を稼ごうと、中間防御線では敵を疲弊させることを図った。赤軍の戦車部隊はそのような戦闘で非常に重要な役割を演じた。

　1941年10月前半のソ連西部方面軍戦車部隊の戦闘活動は、おもにルジェーフ～カリーニン、グジャーツク～モジャイスク、ユーフノフ～マロヤロスラーヴェツ、トゥーラ各方面の幹線道路沿いで展開された。ルジェーフ～カリーニン方面ではドイツ国防軍第9野戦軍第3戦車集団が進撃していた。第3戦車集団の課題は、ルジェーフを通過してカリーニンを攻めて占拠し、その後さらに北西からモスクワを攻囲、陥落させることであった。第9軍はソ連西部方面軍右翼を攻撃することにより、中央軍集団左翼の活動を保障せねばならなかった。

　10月初めにドイツ軍はソ連西部方面軍の右翼部隊をヴォルガ河の奥に駆逐した。10月10日から12日にかけて、ズプツォーフ～ルジェーフ～スターリッツァの地区で激戦が展開され、その結果ソ連第29軍はヴォルガ河の東に追い払われた。また、ソ連第30軍部隊の指揮統制が失われ、ズプツォーフとスターリッツァより東のカリーニン方面は露出してしまった。

　カリーニン方面でのドイツ軍部隊の突破を封殺するため、ソ連軍最高総司令部の訓令により、北西方面軍の兵力から狙撃兵師団及び騎兵師団各2個、第8戦車旅団、第46自動二輪連隊が抽出され、作戦集団が編成された。作戦集団の司令官には北西方面軍参謀長のヴァトゥーチン将軍が任命された。カリーニン方面に突入してきたドイツ軍部隊との戦闘をもっとうまく進めるために、西部方面軍司令部は第22軍と第29軍、第30軍を統合し、方面軍副司令官のコーネフ将軍を司令官とする作戦集団を編成した。

17：行軍中のドイツ軍歩兵部隊とIV号戦車F1型。モスクワ方面、1941年10月。（BA）
付記：IV号戦車F型は、車体、砲塔前面50mm、側面30mmに装甲強化されているのが最大の特徴である（ただしそれでも十分ではなかったのだが）。第2、第5戦車師団の再装備と新設戦車師団に配備されたほか、前線部隊の補充にあてられた。

18：進軍中のドイツ国防軍第1戦車師団の縦隊。手前はII号戦車（Pz.Kpfw.II）で、砲塔に白いFの文字が見える。その後ろには指揮戦車が続いている。1941年10月4日。（ASKM）
付記：右はII号戦車c～C型である。II号戦車は訓練及び偵察用に開発された軽戦車で、c～C型は1937年3月から1941年4月までに1,113両が生産された。主砲には20mm機関砲を装備し、装甲は14.5mmであったが、このころまでにほぼすべての車体に20mmの増加装甲が施されている。左はIII号指揮戦車H型であろう。III号指揮戦車H型は、III号戦車H型をベースに（一部J型）に製作された指揮戦車型である。主砲を撤去して空いたスペースに、無線機その他所要機材を搭載している。主砲に見えるのはダミーで、武装は機関銃のみである。1940年11月から1941年9月にかけて145両、1941年12月から1942年1月にかけて30両が生産された。

19：いったん雨が降ってしまうと、ロシアの道路を走るのは実質的に不可能だった。ドイツ第36自動車化師団の兵が擱坐したオペル・ブリッツ3.6-36Sを引き出そうとしている。1941年10月。（ASKM）
付記：オペル・ブリッツに、他社のモデルも交じっているようだがはっきりはわからない。遠方には2.5t統制型ディーゼルらしき車体が見える。

20：ホールム・ジルコーフスキー地区のドイツ第36自動車化師団部隊。荷馬車、自動車、司令部用バス、Sd.Kfz.263指揮車（8輪）が同じ1本の道を進んでいる。（ASKM）
付記：Sd.kfz.263は8輪重装甲偵察車のバリエーションのひとつで、砲塔を廃して固定戦闘室を設け、無線機その他所要機材を追加している。1938年4月から1943年4月までに240両が生産された

21：モスクワ市内の赤軍部隊。手前にはM-72オートバイ部隊が並び、その後ろには歩兵を載せたトラック群が見える。（CMAF）
付記：M-72オートバイはドイツのBMW R71を参考に開発されたもので、1941年から大量生産が開始された。サイドカーに取り付けられた、円盤型の弾倉を持つデクチャリョーフ機関銃とその機関銃架がおもしろい。デクチャリョーフ機関銃は1927年に採用され、第二次世界大戦を通じてソ連軍の標準的機関銃として使用された。口径7.62㎜、発射速度は毎分500〜600発である。円盤型弾倉には47発が装填される。

22：BA-10重装甲車の乗員が戦闘課題を確認している。ブリャンスク方面軍、1941年10月。（ASKM）
付記：BA-10重装甲車はソ連軍が攻撃や支援に使用する目的で開発した重装甲車シリーズのひとつで、GAZ-AAAトラックを流用した6輪車台に軽装甲車体を搭載し、T-26軽戦車やBT快速戦車と共通の砲塔を搭載している。このため武装は45㎜戦車砲を装備しており、戦車並みの火力を発揮できた。BA-10は1938年から生産が開始され、1,000〜2,000両が生産された。

23：輸送牽引車STZ-5-NATIによる赤軍歩兵の前線輸送。西部方面軍、1941年10月。（ASKM）
付記：STZ-5は農業用トラクターSTZ-3を基に開発された軍用トラクター（STZ-3も軍用に使用された）である。原型に対してキャブオーバー型にして後部を搭載スペースにしており、荷物や兵員の輸送も可能となっている。独ソ戦勃発時には約7,000両が就役していた。

　ソ連第30軍の部隊はカリーニン地区に撤退させられ、そこの防衛は第30軍司令官レリュシェンコ将軍に任せられた。コーネフ集団の増強のため、最高総司令部の予備から第5、第133、第256狙撃兵師団と第21独立戦車旅団が派遣された。

　しかし、カリーニン市の防衛を組織する時間はほとんどなく、しかもカリーニン防衛を命じられた第30軍部隊と最高総司令部予備の狙撃師団及び第21戦車旅団はまだ移動中であった。10月14日、ドイツ軍部隊はソ連軍に先んじてカリーニン市南部を押さえた。さらにカリーニン市の北部と南東部にも進出しようとしたが、そこに到着したソ連第5、第256、第133狙撃兵師団とヴァトゥーチン集団の第8戦車旅団及び第46自動二輪連隊によって阻止された。

　第8戦車旅団はカリーニン市内のドイツ戦車を攻撃して同市の解

24：グジャーツク地区で撃破されたソ連第18戦車旅団の自走砲ZIS-30。その手前には焼け爛れたトラクター STZ-5-NATIの残骸が放置されている。（ASKM）

25：燃料切れのため乗員によって爆破されたソ連第42戦車旅団のT-40水陸両用戦車。ブリャンスク方面軍、1941年10月。（BA）
付記：T-40は、T-38に代わるべく開発された偵察用戦車で、地上専用型のT-30と水陸両用型のT-40が開発され1939年にT-40が軽戦車として制式化された。しかし性能不足としてすぐに生産は打ち切られ、各種派生型を含めて709両が生産されたに留まる。

24

25

放を試みたが成功しなかった。そこで、この旅団は第133狙撃兵師団とともに市の北端で防御戦闘に転じた。

　10月初めの中央方面では、ドイツ第4野戦軍と第4戦車集団の主力（5個軍団と2個戦車軍団）が進撃していた。これらの部隊は、ミンスク～モスクワ街道とワルシャワ街道という最短コースを取って、まっしぐらにモスクワに突入することを狙った。ドイツ軍部隊の進撃を止め、後退中の西部方面軍部隊がモジャイスク防衛線を確保できるように、10月10日以降、モジャイスク及びマロヤロスラーヴェツ地区に最高総司令部予備の5個戦車旅団（第9、第17、第18、第19、第20）と2個狙撃兵師団が集められた。

　10月9日から10日にかけてウヴァーロフカ駅とコローチ駅に到着した第18及び第19戦車旅団は、グジャーツクからミンスク～モスクワ街道沿いに進撃を続けていたドイツ軍部隊の足を止めるよう命じられた。これらの戦車旅団は2日間、ドイツ第17軍団の戦車と自動車化歩兵との戦闘を独自に展開した。ソ連戦車旅団は活発に動き回り、ドイツ軍は攻勢をモジャイスク街道沿いに発展させることができなかった。この後、第18及び第19戦車旅団はモジャイスク防衛戦区司令官のS・I・ボグダーノフ大佐（後に戦車軍元帥となる）

26：走れないBT-5快速戦車はモスクワ郊外の地面に埋設された。この車両は、BT-7快速戦車用の排気管を取り付ける改良が施され、後部の張り出し部分が小さい初期型の砲塔を搭載している。その手前に立っている赤軍兵はフランス製ルベール小銃で武装している。1941年10月。（ASKM）
付記：BT-5快速戦車はクリスティ式装輪装軌走行装置を持つ快速戦車の、BT-2に次ぐ2番目のバリエーションで、1933年から1934年に1,621両（指揮戦車型、火力支援型含まず）が生産された。写真は円筒形で張り出しのない（張り出しのように見えるのは雑具箱）砲塔を持つ初期型である。

の指揮下に置かれた。

　ソ連第20戦車旅団は10月11日から13日にかけてヴェレヤー市地区のプロートヴァ川の線を守り、その線に第33軍が展開するのを掩護していた。10月14日、第20戦車旅団は第18及び第19戦車旅団とともに第5軍の展開を掩護すべくモジャイスク地区に派遣された。西部方面軍事会議からモジャイスク防衛戦区司令官に送られた暗号文書には、次のような指示が出されていた――「第20戦車旅団は、ミンスク街道方面強化のため、ミハイロフスコエに向かう道路とミンスク街道との交差地区に移動させよ。第18戦車旅団は態勢を整え、ミンスク街道およびモジャイスク街道沿いのモジャイスク要塞地帯の最前線強化のために使用せよ。一部の戦車は地面に埋設し、対戦車防御火点として使用せよ……。第19戦車旅団はアクサーコヴォ北方に動かし、そこで……要塞地帯配置部隊との通信連絡を整え、敵の攻撃があれば、それら部隊の抵抗を支援させよ」。

　これらの戦車旅団は10月14日から15日の2日間、史上有名なボロジノ平原においてドイツ軍との激戦を展開した[注8]。第32狙撃兵師団の到着とともに、戦車旅団はモジャイスク戦区司令官の命令によって戦闘から外され、モジャイスク市西端の防衛についた。ソ連第18戦車旅団司令部の文書には次のような記述が見られる――「当旅団の編成は1941年9月5日、イヴァノヴォ州ウラジーミル市において開始。人員は、おもに第48及び第34戦車師団からなる。兵器は新品、ただし軽戦車大隊を除く（修理済み兵器を受領）。編成は10月4日に完了。前線到着は10月7日〜8日、ウヴァーロヴォ〜モジャイスク地区にて活動。

　戦闘参加は10月9日、T-34中戦車29両、BT-7快速戦車3両、BT-5快速戦車24両、BT-2快速戦車5両、T-26軽戦車1両、BA装甲自動車7両を保有。10月9日〜10日の戦闘で当旅団は敵の戦車10両、対戦車砲2門、400名に上る兵員を殲滅。当方の損害は、戦車10両が撃破、炎上させられ、牽引車付き対戦車砲2門を喪失。

　10月11日、敵は翼部への攻撃によりミンスク街道をイーヴニキ地区において遮断、さらに東方からの攻撃により当旅団の包囲を完了。戦闘は11時から20時まで継続、敵側は40両に上る戦車が行動。戦闘の結果、敵の戦車20両と対戦車砲10門を破壊。当旅団の損害は、T-34中戦車7両、BT-7快速戦車3両、牽引車付き対戦車砲4門。戦闘中、当旅団副司令官、戦車連隊の司令官及び政治委員、中戦車大隊指揮官が戦死。10月12日朝までに当旅団部隊は少数グループに分かれて戦闘を離れ、スターリコヴォ〜クンダーソヴォの線で防御につく。可動兵器は、T-34中戦車5両、BT快速戦車1両、T-26軽戦車1両」。

　次に、『第20戦車旅団戦闘活動報告』もここに抜粋紹介する――

[注8] ボロジノ平原は、1812年のナポレオンによるモスクワ遠征において、ナポレオンに「生涯最大の戦闘」と言わしめた激戦が行われた場所。ちなみにロシアでは、ナポレオン・フランスとの戦争を「祖国戦争」、対ナチス・ドイツ戦を「大祖国戦争」と呼んでいる。（訳者）

27

27〜29：1941年10月11日のドイツ戦車との戦闘で撃破された装甲列車「スターリンのために」号（機関車の側面装甲板にその名が記されている。写真28参照）。写真28では機関車のボイラーに2個の貫通弾痕が、写真29では戦闘車の側面装甲板に命中弾の痕が見える。西部方面軍、グジャーツク地区。(ASKM)

付記：対空機関砲は37mm対空機関砲M1939。スウェーデンの40mmボフォース機関砲をコピーし口径を変更したもので、有効射高は3,000m、発射速度は160〜180発である。砲塔はT-34 1941年型砲塔が流用され、76.2mm戦車砲が装備されている。装甲列車車体に装備されているのは、マキシム重機関銃のようだ。

28

29

「当旅団は、1941年10月1日から8日にかけてウラジーミルにて編成され、10月7日時点で当旅団戦車連隊は、スターリングラードトラクター工場から乗員とともに到着したT-34中戦車29両を装備。その他のT-26軽戦車20両、T-40水陸両用戦車12両、当旅団自動車化狙撃大隊用牽引車付き57mm対戦車砲8門は、前線へ移動中に受領。修理廠から届いたT-26軽戦車の稼働は困難で牽引を必要とし、14両はまったく稼働せず。T-26乗員の練度は低い。

　10月11日、当旅団はモジャイスク要塞地帯に編入。10月12日、要塞地帯司令官の命令により、T-34中戦車7両は自動車化狙撃兵大隊とともに、旅団から50km離れたヴェレヤー地区にて行動。当中隊は戦車3両が全焼、1両が撃破され（回収済み）、1両は当旅団に帰還し、2両はヴェレヤー守備隊司令官に引き渡された。その上、

30：モスクワのある車庫で装甲列車が建造されている。1941年10月。（CMAF）

57mm対戦車砲搭載T-20牽引車2両が撃破され、敵領内に遺棄された。

10月15日、当旅団は3個グループ（T-34中戦車1両およびT-40水陸両用戦車3両/T-34中戦車11両/T-34中戦車5両）に分かれて、ボロジノ、クーコレフカ、ニージニャヤ・エーリニャ方面で活動。損害：第1グループ——T-40水陸両用戦車1両（全焼）、第2グループ——T-34中戦車9両が対戦車砲により撃破（回収済み）、第3グループ——T-34中戦車1両が対戦車壕に擱坐して射撃され、さらにT-34中戦車1両が撃破、敵領内に遺棄される。他戦車は撤退。計12両の戦車の損失、うち9両は回収済み、3両は戦場に遺棄」。

ソ連第17戦車旅団はメドウイニ～ユーフノフ戦区の街道沿いで、最初は単独で、後に第53狙撃兵師団部隊とともに、ドイツ第12軍団の進撃を3日間にわたって遅滞させた。この間、第1戦車旅団は敵1個連隊の本部を全滅させ、800名に上る将兵を抹殺、砲20門と戦車3両を破壊した。

ソ連第9戦車旅団は（第20戦車旅団と共同で）10月11日から3日間、ボーロフスク地区のプロートヴァ川の線を防衛していた。ここには、第17戦車旅団が、モジャイスク防衛線マロヤロスラーヴェツ防衛戦区に第43軍部隊が退却するのを掩護しながら後退してきた。

ソ連第43及び第49軍の間に前線の断裂が生じたことに伴い、第9戦車旅団は10月13日、「強行軍をもってプルードキ～ドーリスコエ～ボブロフカの地区に進出し、生じた断裂を塞ぎ、敵の東及び北東への拡散を防ぐ」ようにとの命令を受領した。第9戦車旅団は指示された地区のおもに旧カルーガ道沿いで行動し、第43軍の歩兵部隊が到着するまでの2日間敵を引き留めた。

トゥーラ方面ではドイツ第2戦車集団が進撃していたが、これは10月5日に第2戦車軍に改称された。第2戦車軍は、戦車軍団2個と軍団2個から編成され、戦車師団5個、自動車化師団3個、歩兵師団6個を配下に従えていた。主攻撃は第24戦車軍団が担い、トゥーラ街道に沿って進んだ。第47戦車軍団は突破口を拡大し、第24戦車軍団の右翼を掩護していた。兵力と装備の相当な優勢のもとに、グデーリアンはトゥーラ街道沿いの狭い戦線でモスクワに向けて奥深く斬り込めることを期待していた。

ドイツ軍がブリャンスク方面軍の防御を突破し、ソ連軍がブリャンスクとオリョールを放棄した結果、トゥーラ方面にはソ連にとって厳しい状況が生まれた。ブリャンスク方面軍の両翼は露出した格好となり、中央部は第13軍がどうにか支えている状態であった。トゥーラ方面の防衛強化のため、ソ連軍最高総司令部の決定により、ムツェンスク地区に第1親衛狙撃兵団と第4及び第11戦車旅団が送られた。これら戦車旅団の課題は、グデーリアン配下の戦車師団

31：行軍中のドイツ国防軍第36自動車化師団の自動車縦隊。1941年10月4日。（ASKM）
付記：3t中型不整地貨物車?の車列。荷台には多数の兵士が詰め込まれている。

がトゥーラ街道に進出するのを阻止し、第1親衛狙撃兵軍団とともにそれらを壊滅させることであった。

指示された地区に最初に突入したのは第4戦車旅団であったが、まだ第1親衛狙撃兵軍団が到着しないうちに、付与されていた狙撃兵連隊及びNKVD大隊各1個とともに、10月4日にムツェンスク市南方に防御を構えた。

狙撃兵連隊の各狙撃兵大隊は少数の旅団戦車群と対戦車砲とともに、オリョール～トゥーラ街道への近接部分に第1梯団の防御を整えた。NKVD大隊と第11戦車旅団1個戦車小隊は、ムツェンスクの南西端で防戦に転じた。ソ連第4戦車旅団の主力戦車部隊は第2梯団を形成し、2～3両ずつに分かれて待ち伏せ攻撃の態勢をとった。同旅団はこのほかに、街道沿いを突破してきた敵戦車に反撃を加えるための小さな突撃部隊も持っていた。さらに、偵察戦車分隊2個と小規模な戦闘警備隊が前方に送り出された。

ドイツ第24戦車軍団の部隊はここでソ連軍に遭遇するなど思いもよらず、オリョール～ムツェンスク街道に密集隊形で大々的に進んでいた。ソ連第4戦車旅団はそのドイツ軍を待ち伏せて短くも強力な打撃を繰り返し、増援部隊とともにここで敵の進撃を8昼夜にわたって遅滞させ大損害を与えた。10月4日から11日までの8日間の戦闘で、第4戦車旅団はドイツ軍の戦車133両、砲49門、航空機8機、弾薬運搬車両15両、迫撃砲6門を破壊した。これらの戦闘で、第4戦車旅団の多数の戦車兵が1941年10月12日付ソ連邦最高会議幹部会令により、政府の高級勲章を授与された。ムツェンスク郊外の戦闘の後、第4戦車旅団は西部方面軍第16軍戦区に派遣された。

後にグデーリアンは、配下の軍がムツェンスク地区で「戦車の大損害を出し、その結果、迅速に成功を達する見込みが消えた」こと

を認めている。

　この時期の赤軍戦車部隊の活動はきわめて積極的かつ機動的であった。ソ連戦車旅団はおもに道路沿いで行動し、ドイツ軍に反撃を繰り返しては戦闘隊形を混乱させ、路外での行動を強いた。ここで初めて、ソ連戦車旅団はいわゆる広範囲機動防衛の原則にのっとって行動し、1個旅団の担当する前線は15～20kmに及んだ。前線が切り裂かれた状況下にありつつも、ソ連戦車部隊はこうして西部方面軍予備の第5及び第33軍がモジャイスク防衛線の主防御線に展開するのを助け、両軍の翼部と連接部を掩護したのだった。

32：ロシアの道なき道を乗り越えて行くドイツ第5戦車師団のオートバイ部隊。1941年10月。（BA）
付記：オートバイはNSU351/501OSLだろうか。ドイツ軍ではBMWやツュンダップの有名な車種だけでなく、軍用、民生用多種多様なオートバイが使用された。

33：牽引車NSUを使ったケーブルの積載作業。ドイツ第2戦車集団、1941年10月。(BA)
付記：オートバイに履帯を組み合わせたユニークなハーフトラック・ケッテンクラートNSU HK101の野戦通信ケーブル敷設車Sd.kfz.2/1である。ケッテンクラートは、ロシアのような不整地で使用できる連絡用車両、小型牽引車として活用され、第二次世界大戦中に約8,500両が生産された。

34：ムツェンスク地区の田舎道を進むドイツ第2戦車集団のSd.kfz.262。車体後部に通信大隊の部隊章が見える。1941年10月。(BA)

35：泥濘地に擱坐したⅠ号戦車。1941年10月、中央軍集団。(BA)
付記：Ⅰ号戦車B型である。砲塔にはカバーがくくりつけられ、エンジンデッキには多数の装備品が搭載されている。とりあえず戦闘する状況ではないようだ。

36：水濠を渡るドイツ第2戦車集団部隊。写真手前には第177突撃砲大隊所属のⅢ号突撃砲C/D型（Stu.G.Ⅲ C/D）が、奥には右フェンダーに第2戦車集団の部隊章「G」（グデーリアン）を付けた自動車ビューシングNAGG31が写っている。

付記：Ⅲ号突撃砲は、Ⅲ号戦車をベースに固定戦闘室を設け、75mm榴弾砲を限定旋回式に装備していた。1941年5月から9月までにC型50両、D型150両が生産された。

37

38

37：赤の広場のT-34中戦車。モスクワ、1941年11月7日（社会主義革命記念日）。（O・バラノーフ氏所蔵）
付記：T-34 1941年型の初期型。機関銃マウント、車体先端部のボルトなどに注目。ただしシャックルかけは新型になっている。砲塔は溶接砲塔が使用されている。

38：レーニン廟の演壇に立ったソ連指導部の前を走るBT-7快速戦車。モスクワ、1941年11月7日。（O・バラノーフ氏所蔵）
付記：円筒形砲塔を装備した後期生産型である。うっすらと雪が積もっているが、まだ全車とも白色の冬季迷彩は施されていない。

39：赤の広場のパレードを待機するBT-7快速戦車。モスクワ、1941年11月7日。（ASKM）
付記：奥は円筒形砲塔を持つ初期型、手前は円錐形砲塔を持つ後期型である。BT-7快速戦車は武装には45mm砲を装備し、最大装甲厚は20mm（車体前面）であった。機動力は極めて良好で、最大速度は装輪72km/h、装軌50km/hであった。

40：1941年11月7日、革命記念日のパレード。赤の広場を走るKV-1重戦車。その奥のグム（国営百貨店）には、「わが国の帝国主義権力を打倒し、全世界諸国民の平和を宣言した、偉大なる10月社会主義革命24周年万歳！」と書かれた赤い横断幕がかかっている（ロシア革命は帝政時代の旧暦では10月に行われたため、10月革命と呼ばれている：訳注）。（CMAF）

付記：KV-1重戦車1941年型だろうか。車体及び操縦手席前面に増加装甲板が追加されているのがわかる。砲塔には溶接砲塔が使用されているが、溶接、鋳造の双方の砲塔が使用された。グム百貨店はソ連時代には売る物がないのでグム十貨店と揶揄されていたが、現在では西側資本のおかげですっかり立派な百貨店に改装されている。

41：赤の広場のT-60軽戦車。モスクワ、1941年11月7日。（CMAF）

付記：T-60軽戦車は武装には20mm機関砲を装備し、最大装甲厚は35mm（車体前面）であった。最大速度は42km/hであったが、T-34より劣る点が後に問題となった。乗員は2名だけ（砲塔内には1名）で、この点も戦闘効率の上で難点となった。

42：赤の広場のレーニン廟の演壇にソ連の指導者たちが居並ぶ前を走るBT-7快速戦車。モスクワ、1941年11月7日。(O・バラノーフ氏所蔵)
付記：円錐形砲塔を装備した後期型。1937年以降に生産された。

43：赤の広場に入場するT-60軽戦車。モスクワ、1941年11月7日。(O・バラノーフ氏所蔵)
付記：周りの人々と比べても、本車の小ささがわかる。

44：森の中で戦うKV-1戦車。西部方面軍第9戦車旅団、1941年10月末。（CMAF）

付記：KV-1重戦車はT-35重戦車に代わる（だけではないが）新型重戦車で、1939年終わりに生産が開始された。強力な武装と極めて強靭な装甲を備えた優秀な車体であったが、機動力が低いのが難点だった。写真の車体は溶接砲塔装備型で、1940年型だろうか（T-34同様、やはりこの形式分類自体は後の戦史研究者らによる便宜的なもので、ソ連軍による正式のものではない）、この角度ではちょっとはっきりしない。KV-1重戦車の武装は76.2mm砲で、装甲は主砲防盾基部90mm、車体、砲塔の全周で75mmもあった。

モジャイスク防衛線主防御線とカリーニン〜トゥーラ地区での戦車部隊の活動（10月16日〜30日）
ДЕЙСТВИЯ ТАНКОВЫХ ЧАСТЕЙ НА ГЛАВНОМ РУБЕЖЕ МОЖАЙСКОЙ ЛИНИИ ОБОРОНЫ И В РАЙОНЕ ГОРОДОВ КАЛИНИН И ТУЛА [16-30 ОКТЯБРЯ]

　モスクワの南方の防衛をより強固にするため、トゥーラ方面で行動していたソ連第26軍はソ連軍最高総司令部の訓令により第50軍と統合された。第50軍はドイツ軍の機動兵力がトゥーラに突進してくるのを防がねばならなかった。西部方面軍右翼の第22及び第29、第30軍、それにヴァトゥーチン将軍の作戦集団は、10月17日付の最高総司令部の訓令によって、別個にカリーニン方面軍として編成された。カリーニン方面軍は、カリーニン市をドイツ軍から解放し、ドイツ軍がモスクワを北から迂回しようとする試みを西部方面軍と協力して頓挫させる課題を受領した。

　ヴォロコラームスク、モジャイスク、マロヤロスラーヴェツの各防衛戦区を強化するため、最高総司令部予備から狙撃兵師団と騎兵師団、対戦車砲連隊各数個と第4及び第22戦車旅団、第151及び第152自動車化狙撃兵旅団が送り出された。これらの措置により、西部方面軍はドイツ軍の主要進撃方面上にある、モスクワへの進入路の防御態勢をより密度の高いものにすることができた。

カリーニン方面

　ソ連カリーニン方面軍のコーネフ大将は10月18日付の命令の中

45：T-26軽戦車1939年型の偽装作業。西部方面軍、1941年11月初頭。（CMAF）
付記：T-26軽戦車はイギリスのヴィッカース6t戦車をもとにソ連で改良発展させた歩兵支援用軽戦車で、1931年から生産が開始された。大きく分けて1931年型、1933年型、1937年型、1939年型に分けられる。写真は円錐形砲塔に角形車体の1937年型に見える。

で配下部隊に次の課題を与えた——「スターリツァに至るヴォルガ河の線で頑強な防戦を続け、第29及び第30軍は敵カリーニン方面部隊を壊滅すべく、トゥルギーノヴォ〜カリーニン方向に集中攻撃を発起せよ」。主攻撃は第29軍（狙撃兵師団5個）が担当し、第30軍はカリーニン市を南東から第5狙撃兵師団と第21戦車旅団、第20予科連隊をもって攻撃した。第256及び第113狙撃兵師団は第8戦車旅団及び第46自動二輪連隊とともに北と北東から攻撃を発起した。ヴァトゥーチン集団（狙撃兵師団2個、騎兵師団2個、独立

1941年10月16日時点のモスクワ方面機甲部隊の兵力構成

軍	師団・旅団	KV	T-34	T-26、BT、T-40	計
第29軍	独立自動車化狙撃兵旅団	—	12	20	32
第30軍	第8戦車旅団	—	29	32	61
	第21戦車旅団	—	29	32	61
第16軍	第22戦車旅団	—	29	32	61
	第4戦車旅団	3	7	23	33
第5軍	第18戦車旅団	3	11	15	29
	第19戦車旅団	—	12	12	24
	第20戦車旅団	—	29	32	61
第33軍	第17戦車旅団	—	20	16	36
	第151自動車化狙撃兵旅団	—	12	20	32
第43軍	第9戦車旅団	—	18	33	51
	第152自動車化狙撃兵旅団	—	12	20	32
第50軍	第108戦車師団	3	7	23	33
第26軍	第11戦車旅団	4	12	10	25
計		13	244	330	582

機械化旅団1個)は第29軍の左翼から出て行動し、同軍の戦果を拡大することになっていた。しかも、第21及び第8戦車旅団は単独行動に移って、カリーニン市を南と北から奪取せよ、との課題を受領した。

第21戦車旅団配下の戦車連隊(司令官は、ノモンハン戦の功績でソ連邦英雄の称号を受領したルキン少佐:著者注)は60両の戦車をもって、10月17日にトゥルギーノヴォ、イリインスコエ、ニェゴーチノからカリーニンにつながる道路沿いで攻撃に出た。戦車連隊は数回にわたり敵機の襲撃に遭い、カリーニン市への近接路では敵戦車に攻撃され、さらに対戦車砲の砲火に迎えられた。それにもかかわらず、8両のT-34戦車がカリーニンに辿り着き、そのうちの1両はゴロベーツ軍曹の指揮で市内に突入した。しかし、ソ連戦車連隊は歩兵や砲兵との連繋行動はとっておらず、航空機による掩護もなかったため、カリーニン市東端を防衛していた友軍部隊のところまで進むことはできなかった。10月18日は1日中、この戦車連隊はドイツ軍の無数の反撃を撥ねつけ、夕方にはヴォロコラームスクとクリンに向かう道路を遮断して防御に転じた。このときまでに戦車連隊の戦区には、カリーニン方面軍第30軍に編入された第21戦車旅団のほかの部隊も到着した。

ソ連第21戦車旅団の防御は、クリンとヴォロコラームスクにつながる各道路沿いにある個々の集落を堅持すべく態勢が整えられていた。第21戦車旅団は少ない兵力であったにもかかわらず、ドイツ軍は何度この旅団を駆逐しようとしても果たせず、この方面では10月と11月の前半までは前進することができなかった。

ここで、その第21戦車旅団司令部の文書を見てみよう。

「第21戦車旅団は1941年10月10日にウラジーミル市にて編成され、配下に1個戦車連隊——T-34中戦車29両、BT快速戦車及びT-60軽戦車など32両——を持つ(『第21戦車旅団砲兵一覧』によると、76㎜砲搭載T-34戦車19両、57㎜ZIS-4砲搭載T-34中戦車10両[注9]、KhT-26化学戦車火焔放射型2両、BT-2快速戦車5両、BT-5及びBT-7快速戦車15両、T-60軽戦車10両、ZIS-30自走砲(57㎜ZIS-2砲搭載型コムソモーレツ装甲牽引車:著者注)4両、が配備されていた)。

10月14日、当旅団はデミードヴォ地区に到着、カリーニン及びモスクワ両街道での行動準備完了。

10月15日～17日、当旅団は西部方面軍第16軍、後に第30軍の指揮下に編入。

10月15日夕刻、当旅団は、トゥルギーノヴォ～プーシキノ～トロヤーノヴォを通過してカリーニンを攻め、翼部への攻撃をもって第16軍による敵カリーニン部隊殲滅を促進せよ、との第16軍司令部命令を受領。ドイツ軍に対して甚大な損害を与えたのは戦車連

46:戦闘の合い間に焚き火で暖をとる赤軍戦車兵。左から2番目の兵士がシュレム(ブジョンノフカ)と呼ばれるとんがり帽を被っているのに注目。これは中世ロシアの兜を模して作られた防寒帽である。ロシアの著名な画家ヴァスネツォーフが帝政ロシア軍のために、自身の代表作の中で描いた馬上の古代ロシア英雄が被った兜をもとにデザインしたもので、当時は「英雄」を語源とした「ボガトゥイルカ」と呼ばれていた。革命後は赤軍内でも愛用され、国内戦で勇名をはせた第1騎兵軍司令官である革命英雄ブジョンヌイにちなんで「ブジョンノフカ」と呼ばれるようになった。西部方面軍、1941年10月。(CMAF)

47:行軍中のT-60軽戦車縦隊。西部方面軍第50軍、1941年11月。(ASKM)

付備:T-60軽戦車はT-40水陸両用戦車が性能不足だったため、これに代えて採用された軽戦車である。不採用となったT-30戦車を発展させたもので、水陸両用機構が不要な分、武装と装甲が強化されている。1941年終わりに生産開始され、1943年までに各種派生型を含めて5,915両が生産された。

[注9] 57㎜砲装備のT-34は1941年に試験的に少数が生産されたが、実戦投入されたとは驚きだ。(監修者)

46

47

であり、敵陣奥深くに斬り込み、カリーニン市に到達。これらの戦闘で賞賛を受けたのはゴロベーツ軍曹の乗員らで、その搭乗戦車は市中心部に突入し、ドイツ軍の縦隊に至近距離から猛射を浴びせて市内を通過、二度にわたり敵の包囲を切断、さらにレニングラード街道に沿って進み、レシェートニコヴォ地区の友軍陣地に到着。

　グヌイリャ上級政治委員［注10］の指揮する戦車はトゥルギーノヴォ地区からヴォロコラームスク街道に出たところ、そこをドイツ軍自動車両の大縦隊が移動中であった。グヌイリャ戦車は2〜3kmにわたり縦隊を蹴散らし、その後、50機に上る航空機があるカリーニン市郊外の飛行場に突入した。爆撃機1機は体当たりを受け、もう1機は戦車砲の射撃により破壊された。その後、離陸機の射撃によりグヌイリャ戦車は撃破されたものの、グヌイリャとイーシチェンコ軍曹は戦闘を継続しつつ友軍部隊に脱出した。

　4日間の戦闘で当旅団は3個司令部と1,000名に上る将兵を殲滅、戦車34両、自動車210台、対戦車砲25門、テルミット砲（兵器そのものは通常の火砲だが、砲弾は成形炸薬弾を使用していたという理由でテルミット砲と便宜的に呼んだ：著者注）6門……を破壊。

　戦闘中の偵察部隊の活動は拙劣で、他部隊との連繋を欠いた。これは、3日間で戦死90名、負傷154名という大きな損害につながった。戦闘中に、戦車連隊指揮官のソ連邦英雄ルキン少佐と第1大隊

48：待ち伏せするT-40水陸両用戦車の乗員。西部方面軍第24戦車旅団、1941年11月。（RGAKFD）
付記：T-40の武装は12.7mm機関銃で装甲は最大15mm（主砲防盾、車体は9mm）しかなかった。後に20mm機関砲を装備した武装強化型も製作されたが、水陸両用性能を維持するためには装甲強化はままならず、その結果水陸両用をあきらめたT-60が生産されることになった。

［注10］大尉相当。（訳者）

49：BA-10重装甲車の傍に立つ第4戦車旅団司令官のカトゥコーフ大佐（左から2番目）。車両側面には白色の菱形の中に戦術番号3/2が見え、また砲塔ハッチには友軍機による識別のために白い三角形が描かれている。西部方面軍、1941年11月。（ASKM）

付記：BA-10は写真でもわかるように、トラックそのままの車台で、機動力はあまり良くなかった。後輪フェンダー上に載せられているのは履帯で、必要な場合これを後輪に巻くことで、不整地機動力を向上させた。カトゥコーフ大佐は1932年以来ソ連軍戦車部隊の発展にかかわり続けた戦車部隊指揮官で、独ソ戦開戦時には戦車師団長であった。9月に新編された第4戦車旅団長となり、ムツェンスクで寄せ集め部隊を率いてグデーリアンの進撃を遅滞させ、ドイツ軍のモスクワ攻略を失敗させる立役者となった。

指揮官のソ連邦英雄アギバーロフ大尉（ノモンハン戦でソ連邦英雄の称号を受領：著者注）が戦死。

　兵器の損害は、T-34中戦車21両、BT快速戦車7両、T-60軽戦車1両、コムソモーレツ牽引車搭載型57mm対戦車砲1門である。これ以後、常に戦闘に参加しながらも、定期的に1〜2日間の態勢立て直しを行い、8〜10両の戦車を保持し続けた」。

　第8戦車旅団は10月16日と17日、カリーニン市の北端で激戦を繰り返していた。しかし、それが単独行動であったことと、第21戦車旅団や第253及び第113狙撃兵師団との連繋がなかったことから、第8戦車旅団は自らの目的を達することはできなかった。10月18日、第8戦車旅団はヴァトゥーチン集団の独立自動車化狙撃兵旅団及び第185狙撃兵師団とともに、カリーニンの西方、マリイーノに向かう道を突進してきたドイツ軍部隊を壊滅させた。このように、10月後半の間にカリーニン地区をドイツ軍の手から解放することは叶わなかったとはいえ、ドイツ軍のほうもカリーニンから東と西にその足を伸ばすことができなかった。ソ連軍部隊に釘付けにされたドイツ軍は、第9軍を使って10月末にこの地区で防勢に転じ、モスクワを北西から攻めるための機動兵力をこの戦闘から外そうとした。カリーニン地区でのソ第21及び第8戦車旅団は、勇猛大胆な戦いぶりを見せたわりには、芳しい成果を上げなかった。そのおも

50

51

50：M-72オートバイにまたがってモスクワ市内の通りを前線に向かって進むオートバイ縦隊。1941年11月。(CMAF)
付記：機関銃マウントのディテールがわかり興味深い。遠方にはT-34中戦車らしきものが見える。

51：モスクワ市内の通りを前線に向かって移動するKV-1重戦車の縦隊。(ASKM)

52：ロシアで最も愛されている詩人プーシキンの銅像の前を過ぎるKV-1重戦車。モスクワ、1941年11月。(RGAKFD)
付記：写真51・52ともに溶接砲塔を装備した1940年型である。車体右側フェンダー上に円筒形の増加燃料タンクが3個並べられているのが興味深い。

な理由は、戦車旅団と狙撃兵師団との行動に連繋が欠けていたことにある。

中央方面

　ソ連西部方面軍の軍事会議は10月13日付訓令第0346号の中で、「第16、第5、第43、第49各軍の部隊は、モスクワ予備方面軍が構築した線で積極防衛に転じ、敵が東方の防衛線を突破通過するのを阻止せよ」と命じた。

　この時点ではまだ兵力が十分でなかったモジャイスク防衛線の主防御線をドイツ戦車が突破しうる恐れがあったため、西部方面軍軍事会議は10月15日付訓令の中で全戦車旅団に対して、歩兵及び対戦車砲兵と協力して前線をしっかり安定させ、防御戦闘においても積極性を欠くことのないよう命令した。

　モジャイスク防衛線に到達したドイツ軍部隊は、モスクワにつながる幹線道路であるミンスク街道とワルシャワ街道を利用しようと努めた。このため、10月後半の戦闘は、おもにモジャイスク方面とマロヤロスラーヴェツ方面で展開された。モジャイスク方面ではソ連第18及び第19、第20戦車旅団が第32狙撃兵師団と協力して、10月16日から18日にかけてモジャイスク近接路で頑強な抵抗を示した。しかも、戦車の一部は第32狙撃兵師団の部隊内でも使用され、

定位置からの不動射撃に終始した。また別の一部の戦車は、モジャイスク～モスクワ街道に突入してきたドイツ軍戦車に対して独自に反撃に出た。自動車化狙撃兵大隊はモジャイスク市の外縁を守っていた。戦闘の激しさに昼夜の区別はなかった。そして、ソ連戦車旅団がほとんどすべての戦車を失った後の10月18日、ようやくモジャイスクはドイツ軍の手に落ちた。

この後、第18戦車旅団はヴェレヤー市地区に後退したが、そこではプロートヴァ川の線でソ連第151独立戦車大隊が戦闘中であった。第19戦車旅団はルーザ地区に外され、第20戦車旅団は第50狙撃兵師団とともにモジャイスクより東のドーロホヴォ及びトゥチコーヴォ地区で防御の態勢をとり、モジャイスク街道を西から防護した。10月20日、ここに第22戦車旅団が到着し、第20戦車旅団とともにドーロホヴォ対戦車砲兵地区に入った。この地区の対戦車防衛は、第50狙撃兵師団司令官に委ねられた。

このときまでにソ連第17戦車旅団は2日間の激戦の後、プロートヴァ川の線にあるボーロフスク地区に後退したが、ここでさらに3日間持ち堪え、後を狙撃兵師団に任せて、西部方面軍予備としてポドーリスク地区に戻された。

第9戦車旅団はスホドレーフ川での防戦の後、ドイツ軍の数次に

53：モスクワ市内を進むBT-7快速戦車の縦隊。1941年11月。(ASKM)
付記：円錐形砲塔の後期型である。

54：待ち伏せ待機するBT-7快速戦車とT-34中戦車。西部方面軍第1親衛戦車旅団、1941年11月。(RGAKFD)
付記：白色の冬季迷彩塗色がよく風景にマッチしている。ドイツ軍が冬季迷彩塗料の準備が足りず、目立つジャーマングレイで四苦八苦したのに対して、戦車、歩兵とも白でカモフラージュしたソ連軍より有利に戦うことができた。もっともそのソ連軍も1939年～1940年のソ芬戦争の頃はカモフラージュに無頓着で、冬季迷彩で景色に溶け込み攻撃するフィンランド軍に手痛い打撃を受けて学んだのだ。

54

　わたる攻撃を撥ねのけながらプロートヴァ川の奥に撤退していった。しかし、第9戦車旅団はこの線で足場を固める代わりに反撃に出て、ほとんどすべての戦車を失ったあげく、後方に送り返された。

　第17及び第9戦車旅団がマロヤロスラーヴェツ防衛戦区の翼部に後退したことは、この戦区の防御能力を大幅に弱めることになり、10月18日に赤軍はマロヤロスラーヴェツ市を放棄した。

　こうして、モジャイスク防衛線主防御線の前線を安定させる試みは失敗に終わった。ドイツ軍部隊の首尾良い行動はソ連西部方面軍司令部に配下部隊を中間防御線に後退させることを強いた。そして今度はここで、10月の末から11月の初めにかけて激戦が繰り広げられた。

　モジャイスク防衛線主防御線での赤軍戦車部隊の戦闘活動をまとめてみると、10月前半ですでに指摘されていた用兵上の多くの失敗が繰り返されていたことを認めざるをえない。敵への正面攻撃、多数の総合兵科部隊間での戦車兵力の分散配置、敵の射撃と故障による多大な損失が続いていた。戦車旅団は長時間にわたる戦闘の後、装備の点検や兵器の補修、あるいは獲得した線の防御を固める代わりに、別の方面に転戦し、目的地到着と同時に敵を攻撃するよう総合兵科軍司令官から命じられていたことが、各戦車旅団の報告書に

55

55：歩兵を載せたBT-7（左）と BT-5（右）が攻撃の準備をしている。西部方面軍第150戦車旅団、1941年11月。（RGAKFD）
付記：BT-7快速戦車は円錐形砲塔の後期型である。BT-5快速戦車砲塔上には小旗を持った戦車兵が見えるが、一般に当時のソ連軍戦車は無線機を装備しておらず、指揮はこうした原始的手段に頼るしかなかった。このため一度戦闘が開始されれば指揮は不可能で、各車は個々ばらばらに戦うだけで、戦闘能力の発揮には大きな限界があった。これがドイツ軍戦車とのカタログデータだけではわからない大きな差であった。

一度ならず記されている。

　戦車の使用方法に深刻な問題があったため、方面軍司令部は戦車旅団の活用に関して口出しせずにはいられなかった。たとえば、10月25日、西部方面軍軍事会議は各軍司令官に対して、戦車旅団2〜3個をまとめて上級総合兵科部隊（軍、軍団、師団）司令官の管理下に置き、主方面における対戦車防御拠点の構築に用いることを許可した。このような対戦車防御拠点は、ノヴォ・ペトローフスコエ、スキルマーノヴォ（第16軍）、ドーロホヴォ、トゥチコーヴォ（第5軍）、カーメンカ（第43軍）、ブーリノヴォ（第49軍）の各地区に設営された。

トゥーラ方面

　10月半ばにチョープロエ方面ではグデーリアンが第47戦車軍団を戦闘に投入した。10月20日からはここで激戦が展開された。ドイツ第2野戦軍は10月の初めは第2戦車軍の左で行動していたが、今度はその右翼のエフレーモフ〜エレーツ方面に攻撃の矛先を転じた。第24戦車軍団はトゥーラ街道に沿って進撃を再開したが、ソ連第1親衛狙撃兵軍団の配下部隊と、おもに待ち伏せ戦法をとっていた第11戦車旅団によって足止めされた。しかし、ソ連第11戦車旅団の司令部がミスを犯したことから、ドイツ第24戦車軍団は10月24日にチェルニを制圧し、戦闘部隊をさらにプラーフスクへの攻撃に向かわせることができた。

　ドイツ軍の進撃を食い止めるため、プラーフスク市地区にはソ連第108戦車師団が派遣され、それは第11戦車旅団の残存部隊とともにユーリエヴォ〜マルムイジ地区で防御態勢を整えた。第108戦

56：戦闘配置についたT-34中戦車。冬の森林をバックに、これらの戦車には白い網が迷彩として描かれている。西部方面軍第1親衛戦車旅団、1941年11月。（CMAF）
付記：1941年型の初期型であるが、シャックルかけの形状がちょっと変わっている。冬季迷彩は白ければいいというものではなく、このような森林地帯では、まだらに塗り残すような工夫が必要になる。それにしても網状の塗装はちょっと手が込んでいる。

車師団の自動車化狙撃兵連隊は第11戦車旅団配下の自動車化狙撃兵大隊と戦車9両とともに、トゥーラにつながる鉄道と街道を遮断した。第108戦車師団の戦車（全部で約40両）は三手に分かれて師団の機動対戦車予備部隊を形成した。トゥーラ市南端にあった6両の戦車は、10月25日からトゥーラ守備隊長の任務を担うようになった第108戦車師団司令官の指揮下に置かれていた。

10月26日、ドイツ軍は航空支援を受けた歩兵と戦車を使って、ソ連第108戦車師団の陣地を数回にわたって攻撃した。しかし、それはみな、ソ連の砲兵部隊と待ち伏せしていた第108戦車師団及び第11戦車旅団の射撃で撃退されてしまった。夕闇の訪れとともにドイツ軍は攻撃を再開したが、ソ連戦車の強力な反撃を受け、大損害を出して後退した。この日だけで第108戦車師団はドイツ軍の戦車13両と砲4門、機関銃7挺、迫撃砲5門、輸送車両8両を破壊し、1個大隊規模の兵を殲滅した。

翌日、ドイツ戦車群は第108戦車師団部隊を両翼から迂回したため、ブリャンスク方面軍司令部は防衛部隊をトゥーラ防衛戦区に撤退させねばならなくなった。このトゥーラ戦区は、狙撃兵師団5個

と戦車師団1個、独立予備連隊1個、戦車旅団2個をもってトゥーラへの近接路を守っていた第50軍の防衛地帯に含まれている。NKVD連隊と労働者連隊、それに警察部隊はトゥーラ戦区の第2梯団を構成し、第50軍の編制には入っていなかった。

10月末にドイツ第24戦車軍団はトゥーラ近接路に進出し、その勢いにのってトゥーラ市を制圧しようと試みた。だが、ソ連第108戦車師団と第32戦車旅団が第50軍の歩兵及び砲兵と協力してドイツ軍の攻撃をことごとく撃退した。ドイツ軍はさらに、トゥーラを南東から迂回しようとも試みたが、それも成功しなかった。

こうして、10月末にはドイツ軍のモスクワ進撃は停止した。前線はカリーニン、モスクワ海 [注11] 西部、ラーマ川、ゴリューヌィ、ルーザ川、ドーロホヴォ、マーヴリノ、ナーラ川のタルーチノまで、ヴィソーキニチ、ベールニキ、トゥーラの線で落ち着いた。

戦車部隊は、モスクワ防衛戦の最初から赤軍部隊の活動を頑強かつ果敢なものにし、いかなる局面においても最も積極性と機動性に富んだ兵力であった。その上、この時期の赤軍戦車部隊に顕著だった特徴は、重要な防御線を友軍歩兵部隊が駆けつけるまで堅持し、突進してくる敵戦車に反撃し、大都市の防衛戦に参加したことである。

57：戦場でのT-34中戦車の修理作業。西部方面軍、1941年11月。(CMAF)

付記：T-34中戦車1941年型鋳造砲塔型である。エンジンルームの整備中の光景とは非常におもしろい。周囲のボルトを外すと後面板はそのまま後ろに倒せることがわかる。一見したところ整備性は良さそうだ。

[注11] 現在のモジャイスク貯水池。(訳者)

1941年10月28日時点の西部方面軍戦車部隊の兵力状況

部隊名	KV	T-34	BT	T-26	T-40	T-60	計
第1自動車化狙撃兵師団	7	21	19	10	—	—	57
第4戦車旅団	4	18	11	—	—	—	33
第9戦車旅団	7	20	—	—	28	—	55
第17戦車旅団	—	1	—	—	2	—	3
第18戦車旅団	—	6	4	1	—	—	11
第19戦車旅団	—	1	—	—	4	—	5
第20戦車旅団	—	19	—	22	8	—	49
第22戦車旅団	—	16	8	—	14	—	38
第23戦車旅団	4	11	—	—	19	—	34
第24戦車旅団	4	22	1	9	22	—	58
第25戦車旅団	3	11	—	—	—	16	30
第26戦車旅団	—	14	—	—	—	16	30
第28戦車旅団	4	11	—	—	16	—	31
第15自動車化狙撃兵旅団	—	4	—	8	—	—	12
計*	33	175	43	50	113	32	441

*このうち、KV重戦車3両、T-34中戦車29両、BT快速戦車21両、T-26軽戦車14両、T-40水陸両用戦車25両は修理中であった

57

58：修理が済んで、再び前線に送られるのを待機するKV-1重戦車。モスクワ、1941年11月。(ASKM)
付記：1941年型である。KV-1重戦車は生産開始後すぐに装甲強化が図られたが、実際にはドイツ軍相手には原型でも装甲は十分強力で、ただでさえ低い機動力のさらなる低下を考えれば装甲強化は必要ではなかった。車体操縦手席前面のディテールがよくわかる。

59：前線から戻ってきたBT-5快速戦車の修理が、モスクワ市内の鉄道庫で始まった。1941年11月。(ASKM)

付記：モスクワ防衛戦では、ソ連軍はモスクワという一大工業都市を策源地にできた。ドイツ軍の野戦修理能力は優秀ではあったが、モスクワをそのまま生産、修理工場にできたソ連軍が有利だったことはいうまでもない。

60：モスクワの工場内で行われているT-60軽戦車の修理。1941年11月。(ASKM)
付記：鉄板の切断部、溶接跡やリベット止めの様子など、戦車の荒っぽいディテールがよくわかる。模型製作のいい参考になりそうな写真だ。

61：前線への出発を待機しているT-27豆戦車。車体側面の手すりから判断すると、これらの車両は45mm対戦車砲の牽引車として使用されたようだ。モスクワ、1941年11月。(ASKM)
付記：T-27豆戦車は、イギリスのカーデンロイド豆戦車を基にソ連で生産した車体で、1931年から1933年までに2,540両が生産された。実際には戦車とは名ばかりで、機関銃装備に薄っぺらい装甲だったが、初期機械化部隊にとって大きな教育的役割を果たした。ただし独ソ戦のころともなれば第一線兵器として使うわけにいかないのは明らかで、装甲牽引車への転用は妥当な使用法だったろう。

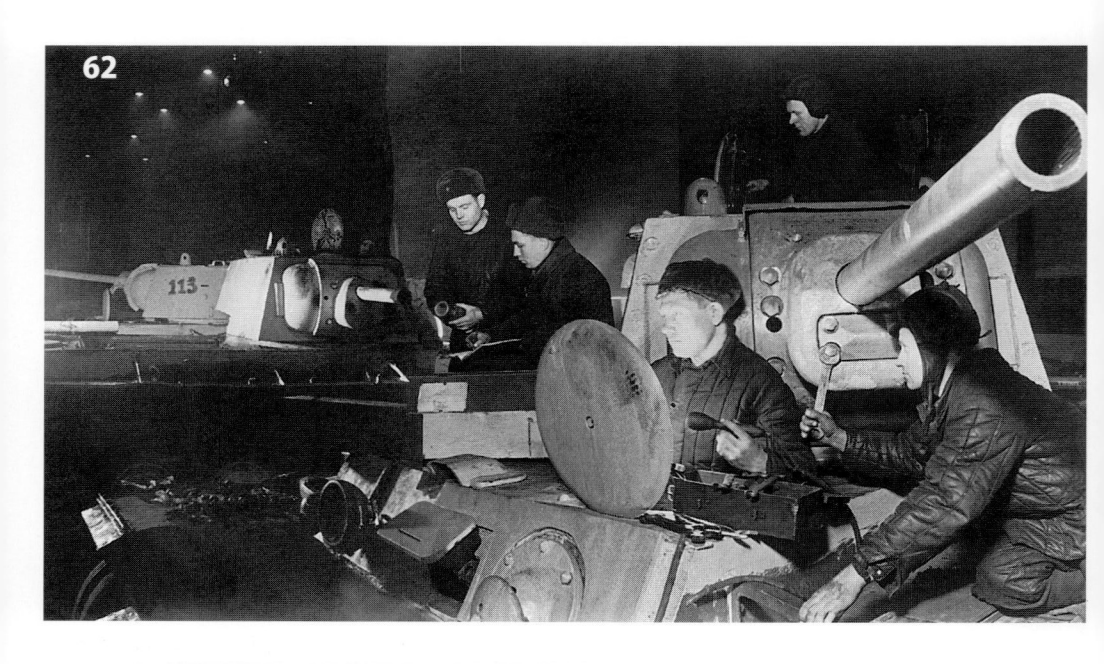

11月1日～15日の戦車部隊の活動
ДЕЙСТВИЯ ТАНКОВЫХ ВОЙСК НА ДАЛЬНИХ ПОДСТУПАХ К МОСКВЕ [1-15 НОЯБРЯ]

　ソ連西部方面軍司令部は中央部にいた軍をモジャイスク防衛線の後方に下げ、10月30日付の訓令の中で、各部隊はそれぞれの陣地を固め、「粘り強い果敢な防衛戦を実行し、機動防御という考えそのものを棄てよ」、と要求した。

　予想されるドイツ軍の進撃再開により効果的に抵抗するため、西部方面軍軍事会議は次の勧告を行った——「戦車走行可能地、とりわけ道路にかかるすべての橋梁に地雷を設置すること；対戦車及び各種障害物の構築を拡充すること；対戦車砲及び地雷、障害物をそろえた対戦車地区を創設すること；歩兵はより深く地中に隠れること；戦車は歩兵の後方に待ち伏せし、待機位置から敵を射撃すること」。このとき、西部方面軍の編制には第4、第5、第25、第27、第28、第23、第24、第109、第32戦車旅団と第27独立及び第125独立戦車大隊が入っていた。また、第17、第11、第18、第19戦車旅団は、補充のために方面軍予備として外されていた。

　10月末と11月初めは、すべての戦車旅団が完全に総合兵科部隊司令官たちの指揮下に置かれ、各軍の戦区で使用された。さらに、戦車旅団がある軍から別の軍に状況次第で移されることもあった。西部方面軍司令官は各軍司令官に対し、戦車を大切に使用し、分散

62：モスクワ市内の工場でのKV-1戦車の修理作業。1941年11月。（ASKM）
付記：1941年型である。前面増装甲板など、KV-1重戦車の重厚で荒々しいディテールがよくわかるいい写真だ。

させないよう要求した。西部方面軍軍事会議は第43軍司令官に宛てた暗号文書の中でこう警告している──「貴官が今日の対戦車防御に正面から無造作に戦車を投入したように今後も戦車を惜しまぬようであれば、優秀な第9戦車旅団に何も残らなかったのと同様、この旅団（第24戦車旅団）にも何も残らぬであろうことに配慮されよ。ジューコフ、ブルガーニン」。

　戦車旅団はモスクワ方面の主要幹線道路沿いで使用され続けた。しかし、その性格は異なってきた。戦車旅団はこれまで、敵戦車に対して間断ない攻撃を繰り返して重要防御線を独力で維持してきたが、今度は敵を待ち伏せして反撃を加える戦法に切り替えた。個々の防御線や集落の防衛にあたっては、戦車は歩兵と砲兵との緊密な連繫の下で使用された。このような活動は、特にヴォロコラームスク、モジャイスク、ポドーリスク方面での防衛戦でよく見られた。

　10月27日、ドイツ軍は多大な犠牲を払ってヴォロコラームスクを陥落させた。ソ連軍をこの都市の南東に駆逐したドイツ軍部隊は、ヴォロコラームスク街道をイーストラの西で分断し、ソ連第16軍の左翼を迂回してモスクワへの突破を狙った。ドイツ軍の突破を阻止し、第16軍左翼の形勢を回復するため、西部方面軍司令官は第4、第27、第28戦車旅団に対して、第316狙撃兵師団及びドヴァートル将軍の騎兵軍団と連繫して、それぞれの陣地線の防御を強化し、スキルマーノヴォ〜ポクローフスコエ方面での反撃に備えるよう命じた。

　これらの戦車旅団は対戦車砲とロケット砲カチューシャ大隊、狙撃兵大隊で強化され、それぞれ独自の戦区を受け持った。11月初頭にドイツ軍部隊の進撃は押し止められ、11月11日から13日にかけてのソ連戦車旅団の猛反撃によって、ドイツ軍は自らの強力な拠点に造り替えていたポクローフスコエとスキルマーノヴォから駆逐された。

　ヴォロコラームスク方面防衛におけるソ連戦車旅団の戦闘活動は司令部に高く評価された。1941年11月11日、I・スターリン国防人民委員の命令によって、第4戦車旅団は「勇猛かつ首尾良い活動」に鑑み、第1親衛戦車旅団に改称された。この旅団の将兵はさらに、政府勲章を授与された。命令書には次のように指摘してある──「旅団の優秀な活動と成功は、旅団が常に戦闘偵察を行い、戦車と自動車化歩兵及び砲兵との完全なる連携が実現されたことによるものである。待ち伏せと攻撃部隊の行動を組み合わせて、戦車が正しく投入、使用された。将兵は勇猛かつ整然と行動した」。

　モジャイスク方面での防衛は、第22、第20、第25戦車旅団が第50狙撃兵師団とともに担当し、モジャイスク街道沿いのドーロホヴォ〜ソフィイーノ地区で展開された。防衛最前線の前方には歩兵

63：装甲列車に装着された7.62mm PV-1航空機関銃で敵機を射撃している。西部方面軍、1941年11月。（ASKM）

64：敵陣を射撃する装甲列車。装甲列車に搭載されている火砲は帝政ロシア時代の旧式砲76.2mm野砲M1902で、ソ連時代には多くが近代化されて76.2mmM1902/30野砲となった。西部方面軍第21独立装甲列車大隊、1941年11月。（CMAF）

65：戦闘課題を受領する装甲列車（NKPS-42型）司令官。装甲列車の手前には、装甲自動車鉄道型BA-20zhdが見える。西部方面軍第21独立装甲列車大隊、1941年11月。（RGAKFD）

付記：BA-20zhdはBA-20軽装甲車の車輪を、鉄道の轍間に合わせた鉄道車輪に変更したものである。鉄道線路上を自走し、鉄道警備に使用された。

66・67：作戦行動に出陣するA・ブラーヴィン司令官の装甲列車。西部方面軍第21独立装甲列車大隊、1941年11月。（ASKM）

と戦車による強力な戦闘警備が組織された。戦車旅団の主力は集落や林の中の掩蔽物に隠れていた。塹壕掘削作業はまったく行われなかった。第20及び22戦車旅団の戦車は、2〜3両ずつの単位で待ち伏せ陣地を構えた。第25戦車旅団は防衛の第2梯団を構成した。

　ドイツ戦車が姿を見せると、戦闘警備隊のソ連戦車がそれぞれ配置位置から射撃を始め、ドイツ軍はソ連軍部隊の防衛地区を迂回する道を探さざるをえなくなった。しかし、ミンスク街道に出ようとしたドイツ戦車は、ソ連軍の短い反撃の連打にことごとく弾き返されていった。ドイツ軍はドーロホヴォの獲得に一旦成功したものの、10月25日のソ連第22及び第25戦車旅団の反撃によって取り返され、それからの6昼夜、この町はソ連軍が掌握していた。この間にまた新たな防御陣地がドーロホヴォから東に10kmの線に構築された。ソ連戦車旅団はこの新しい防衛線に退き、それを11月16日まで維持した。

　ポドーリスク方面では第9戦車旅団がイースチヤ川の線で粘り強い抵抗を続け、ソ連第43軍がナーラ川沿いに防衛線を形成するのを助けた。このときまでにカーメンカ〜チュバーロヴォ地区には第24戦車旅団が到着し、ナーラ川沿いに堅固な対戦車防御を構えた。第24戦車旅団の戦車はすべて、2〜3両ずつの班に別れて待ち伏せ

配置され、各班の間には電話連絡態勢が整えられた。ドイツ戦車が現れると思われるあらゆる方向には、ソ連軍の戦車と対戦車砲の射撃が準備された。戦車の待ち伏せ地点の前方には、対戦車障害物が戦車砲射撃の着弾点に位置するように戦車兵たちの手で構築された。

　ドイツ軍部隊はソ連第24戦車旅団の陣地を正面から何度か攻撃し、大きな損害を出しながらもソ連戦車部隊を押し出していったが、第24戦車旅団の防御を突破することはできなかった。11月初頭にソ連第43軍のこの戦区の形勢は安定した。ソ連第49軍の戦区では、ドイツ軍がセールプホフへの進撃を再開しようとした試みはソ連総合兵科部隊の積極的な活動のためにことごとく失敗した。

　こうして、11月前半は西部方面軍はモジャイスク防衛線の中間防衛線で形勢をしっかり固め、さらにいくつかの予備兵力を引き寄せることに成功した。ヴォロコラームスクとセールプホフのふたつの方面ではドイツ軍が部分的に防勢に転じた。西部方面軍中央部とドーロホヴォ、ナロ・フォミンスク、ポドーリスクの各方面ではドイツ軍は部隊の再編成を始め、新たな進撃を準備していた。

68

68・69：クリン地区のドイツ国防軍第2戦車師団所属のSd.Kfz.251装甲兵員輸送車（写真68）とⅢ号戦車（写真69）。1941年11月。（ASKM）
付記：Ⅲ号戦車E型で、5cm砲装備に改装されている。後方は3.7cm砲装備型か指揮戦車のようだ。この部隊は十分な量の冬季迷彩用塗料が手に入ったようで、各車ともに真っ白に塗られている。Sdkfz.251はAまたはB型車体で、1936年から1940年にかけて生産された。戦車部隊の機械化歩兵部隊向けであったが、実際には数が少なくてもすべての部隊に配備することはできなかった。

70：進軍中のドイツ国防軍第36自動車化師団の自動車縦隊。手前は師団司令部バスMAN E3000。クリン地区、1941年11月。
付記：その後方に続いているのは、4.5t重貨物車だろう。上空を飛行しているのはJu52輸送機である。

70

64

71：カリーニン市街のドイツ国防軍第36自動車化師団所属のトラック。1941年11月。(ASKM)
付記：6×4 3t中型不整地貨物車であろう。

72：射撃陣地にある自走砲SiG33（Ⅰ号戦車B型の車台に搭載された150mm榴弾砲SiG33）。前面装甲板にドイツ国防軍第5戦車師団の部隊章と戦術番号704が付けられている。1941年11月。（BA）

付記：Ⅰ号自走15cm重歩兵砲は、Ⅰ号戦車B型車体を流用してオープントップの戦闘室を設け、SiG33 15cm重歩兵砲を車輪を外した砲架ごと搭載した車体で、1940年2月に38両が改造された。第701〜706の6個の重歩兵砲（自走式）中隊に配備され、それぞれ戦車師団に配属された。第704重歩兵砲（自走式）中隊は第5戦車師団に所属していた。

郵便はがき

1 0 1 - 0 0 5 4

おそれいりますが
切手をお貼り下さい

東京都千代田区神田錦町
1丁目7番地　㈱大日本絵画

読者サービス係行

アンケートにご協力ください

フリガナ				年齢
お名前				（男・女）

〒
ご住所

TEL　　　　（　　）
FAX　　　　（　　）
e-mailアドレス

ご職業	1学生	2会社員	3公務員	4自営業
	5自由業	6主婦	7無職	8その他

愛読雑誌

独ソ戦車戦シリーズ4
モスクワ防衛戦
「赤い首都」郊外におけるドイツ電撃戦の挫折

9784499228329

「モスクワ防衛戦」アンケート

①この本をお買い求めになったのはいつ頃ですか?
　　　年　　　月　　　日頃(通学・通勤の途中・お昼休み・休日)に

②この本をお求めになった書店は?
　　　　　　　(市・町・区)　　　　　　　　　書店

③購入方法は?
1 書店にて(平積・棚差し)　　2 書店で注文　　3 直接(通信販売)
注文でお買い上げのお客様へ　入手までの日数(　　　日)

④この本をお知りになったきっかけは?
1 書店店頭で　　　　2 新聞雑誌広告で(新聞雑誌名　　　　　　　)
3 モデルグラフィックスを見て　　4 アーマーモデリングを見て
5 スケール アヴィエーションを見て
6 記事・書評で(　　　　　　　　　　　　　　　　　　　　　)
7 その他(　　　　　　　　　　　　　　　　　　　　　　　　)

⑤この本をお求めになった動機は?
1 テーマに興味があったので　　2 タイトルにひかれて
3 装丁にひかれて　　4 著者にひかれて　　5 帯にひかれて
6 内容紹介にひかれて　　　　　7 広告・書評にひかれて
8 その他(　　　　　　　　　　　　　　　　　　　　　　　)

⑥新刊案内を希望しますか?　　　1 はい　　2 いいえ

この本をお読みになった感想や著者・訳者へのご意見をどうぞ!

ご協力ありがとうございました。抽選で当社特製テレホンカードを毎月20名様に贈呈いたします。なお、当選者の発表は賞品の発送をもってかえさせていただきます。

塗装とマーキング

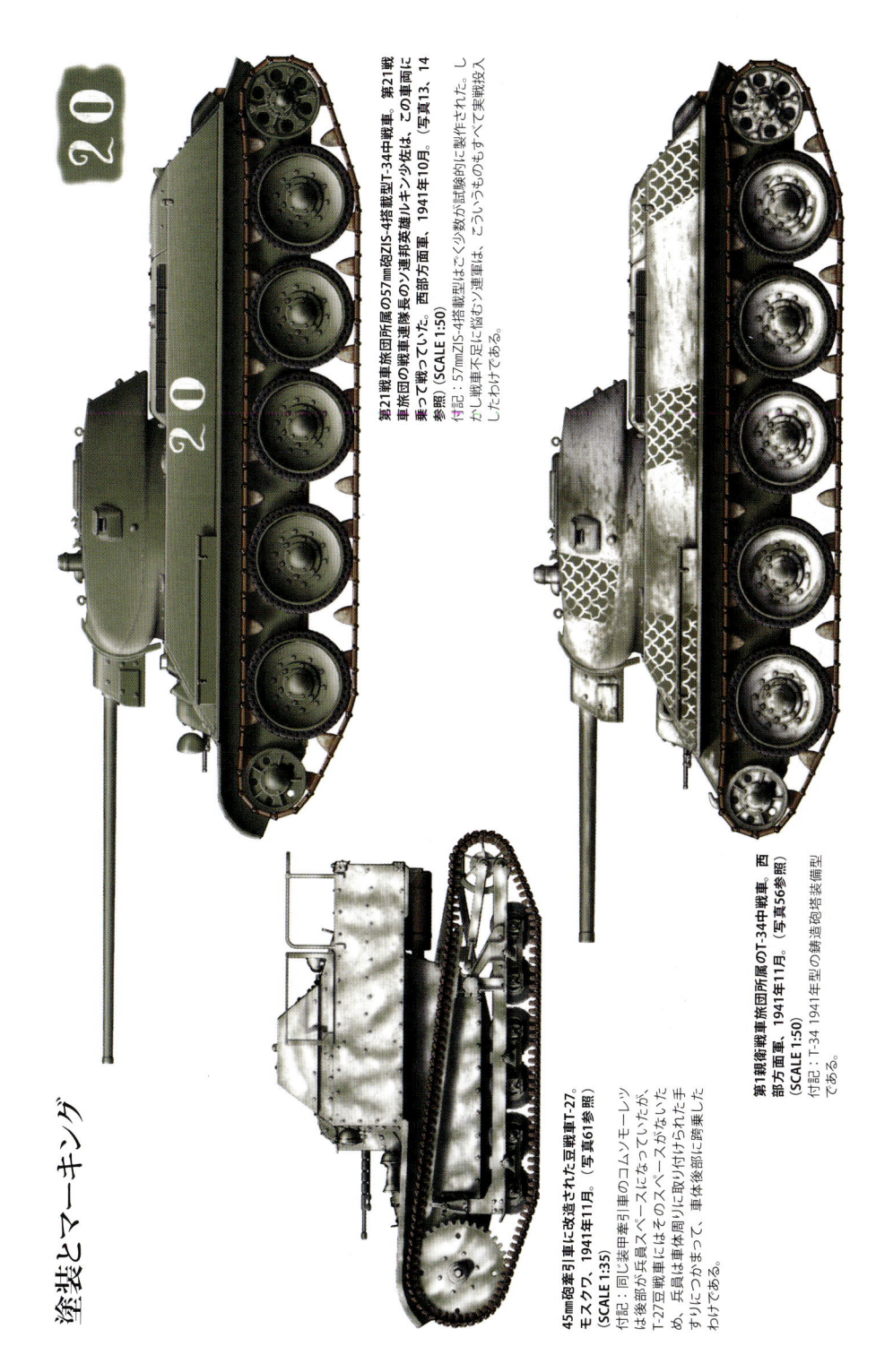

第21戦車旅団所属の57mm砲ZIS-4搭載型T-34中戦車。第21戦車旅団の戦車連隊長のソ英雄ルキン少佐は、この車両に乗って戦っていた。西部方面軍、1941年10月。(写真13、14参照) (SCALE 1:50)

付記：57mmZIS-4搭載型はごくわずかな数が試験的に製作された。しかし戦車不足に悩むソ連軍はこういうものもすべて実戦に投入したわけである。

第1親衛戦車旅団所属のT-34中戦車。西部方面軍、1941年11月。(写真56参照) (SCALE 1:50)

付記：T-34 1941年型の鋳造砲塔装備型である。

45mm砲牽引車に改造された豆戦車T-27。モスクワ、1941年11月。(写真61参照) (SCALE 1:35)

付記：同じく装甲牽引車のコムソモーレツは後部が装甲スペースになっていたが、T-27豆戦車にはそのスペースがないため、兵員は車体周りに取り付けられた手すりにつかまって、車体後回に跨乗したわけである。

タイフーン作戦開始時の独ソ両軍の部隊配置

（ただし、ブリャンスク方面軍地帯は1941年9月29日夕刻、西部方面軍及び予備方面軍の防衛地帯は1941年10月1日夕刻の部隊配置状況）

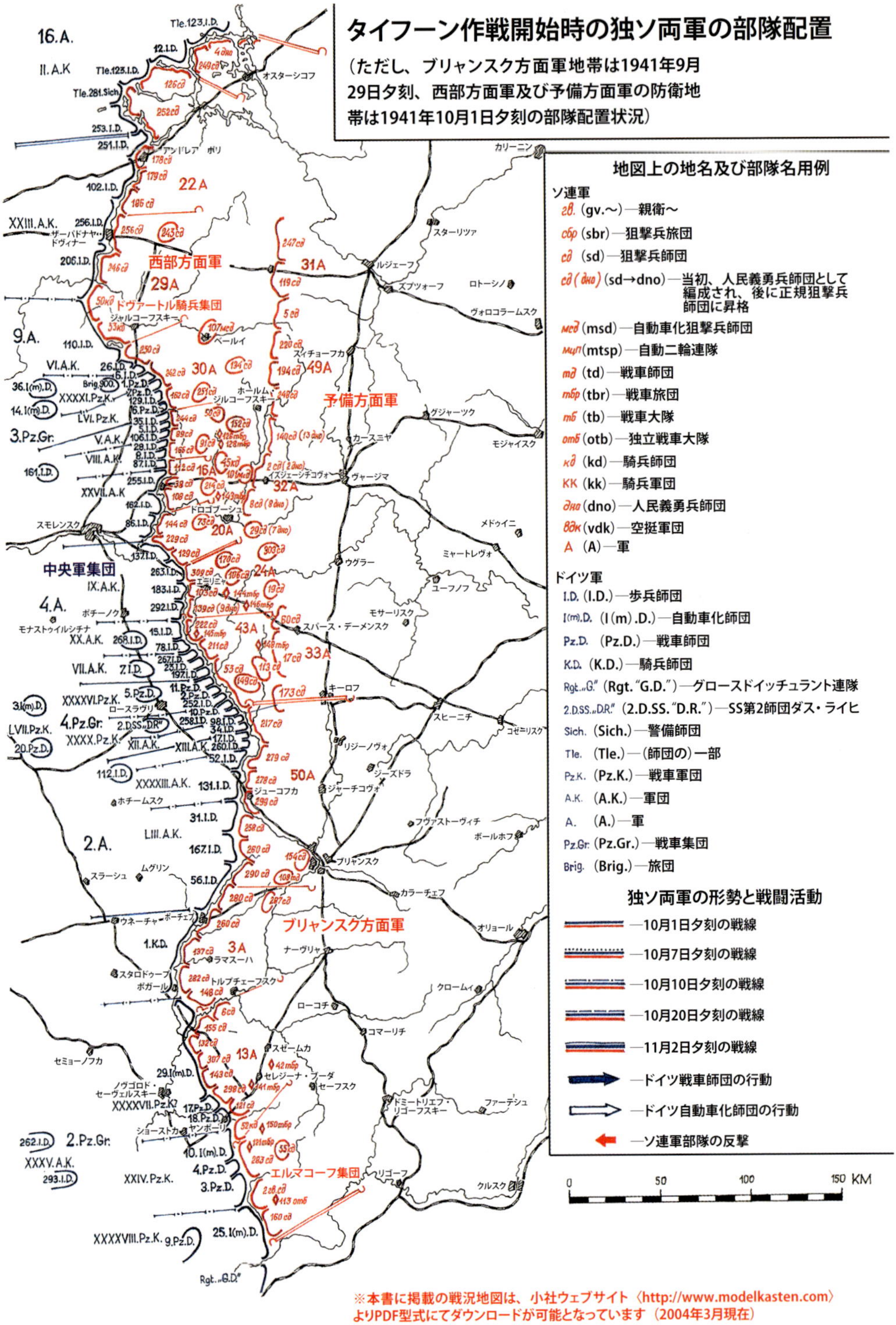

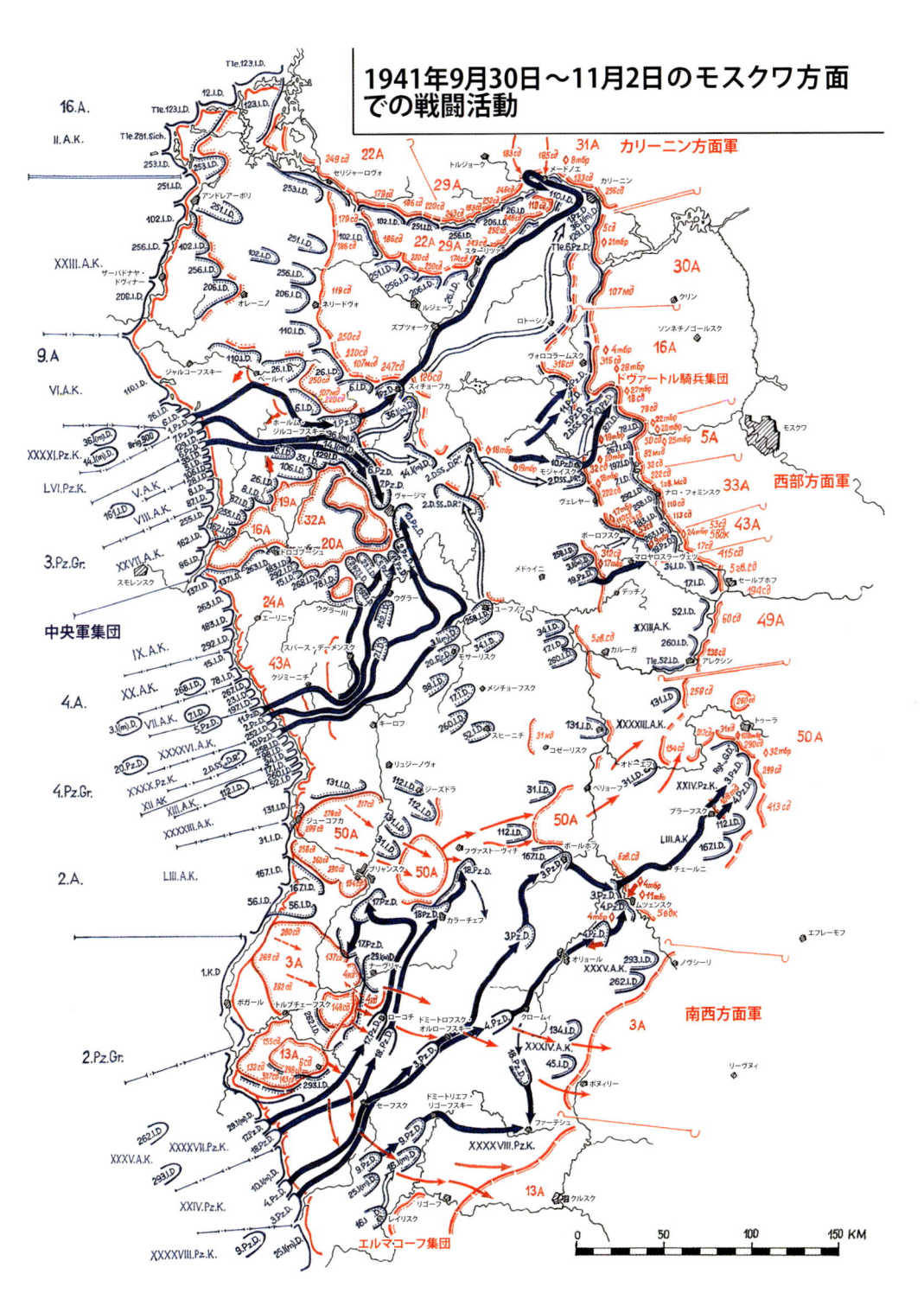

1941年9月30日～11月2日のモスクワ方面での戦闘活動

第5戦戦車（増加装甲板装備）とその砲塔上面、西部方面重、1941年11月。（写真105参照）（SCALE 1:50）

付記：ソ独戦争においてT-26の防御力不足が実感され、このため増加装甲が取り付けられることになった。これらの車体はエクラナミ（増加装甲）と呼ばれる。増加装甲の取り付けによって、重量は2.3～2.5t増加した。

第20戦車旅団のT-26戦車、西部方面重、1941年11月。（写真84参照）（SCALE 1:50）

付記：円筒形砲塔の1933年型である。

第18戦車旅団のBA-6重装甲車、西部方面重、1941年11月。（写真85～87参照）（SCALE 1:50）

付記：BA-6はBA-1、3に次ぐGAZ-AAAトラック（BA-1のみならずフォードAAAトラック）をベースにした重装甲車シリーズの車体で、1934年から生産が開始された。砲塔にはT-26 1933年型と同じものを装備しており、戦車並みの火力を発揮できた。

70

右：第10戦車師団所属のIII号戦車I型。砲塔側面にはドイツ国防軍第10戦車師団第7戦車連隊の部隊章である白いバインンが見える。イースト5地区。1941年11月。（写真94参照）(SCALE 1:50)

付記：第10戦車師団は、1939年4月にプラハで編成された部隊で、当初チェコの占領統治もその任務のひとつであった。1939年9月のポーランド戦役では、北方軍集団隷下の第19軍団に所属し東プロシャからブリッシャアヘと進撃した。1940年5月のフランス戦役ではクライスト装甲集団隷下の第19戦車軍団に所属し、アルデンヌの森を突破してはイギリス海峡へと進撃した。1941年6月のロシア侵攻作戦では中央軍集団隷下の第2装甲集団に所属しスモレンスクへ突進、その後キエフ攻略戦に転じた後、再びモスクワ攻略戦に参加した。

下：1号戦車B型の車台に150mm榴弾砲を搭載した自走砲sIG33（1号自走15cm重歩兵砲）。第5戦車師団所属。1941年11月。（写真72参照）(SCALE 1:50)

付記：第5戦車師団は、1938年11月に編成され1939年9月のポーランド戦役では、南方軍集団隷下の第14軍団に所属しレンジア南部からガリツィアへと東進した。1940年5月のフランス戦役ではA軍集団隷下の第15軍団に所属し、アルデンヌの森を突破してイギリス海峡へと突進、1941年4月にバルカン戦役に参加後、1941年9月に中央軍集団隷下の第4装甲集団に配属されモスクワ攻略戦に参加した。

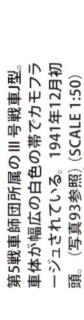

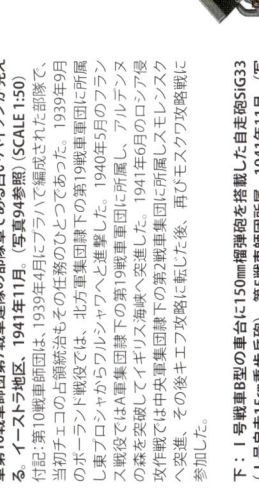

第5戦車師団所属のIII号戦車J型。車体が幅広の白色の帯でカモフラージュされている。1941年12月初頭。（写真93参照）(SCALE 1:50)

ソ連西部方面軍部隊に撃破されたⅡ号戦車C型。砲塔には白ペンキで書かれたと思う数字が見える。1941年11月。(写真114参照)(SCALE 1:50)

第1戦車師団所属のⅡ号戦車。砲塔には白ペンキでFの文字が付けられている。1941年10月。(写真18参照)(SCALE 1:50)
付記：第1戦車師団は、1935年10月に編成されたドイツ軍最初の戦車師団のひとつである。1939年9月のポーランド戦役では、南方軍集団隷下の第16戦車軍団に所属しブルジャヌィへと進撃した。1940年5月のフランス戦役ではA軍集団隷下の第19戦車軍団に所属し、アルデンヌの森を突破してイギリス海峡へ突進した。1941年6月のロシア侵攻作戦では北方軍集団隷下の第4軍集団に所属しレニングラードへ突進、その後モスクワ攻略に転じた。

第2戦車集団第177突撃砲大隊のⅢ号突撃砲C/D型。1941年10月(写真36参照)(SCALE 1:50)
付記：第177突撃砲大隊は、1941年夏に編成され9月にスモレンスクに送られた。大隊は第12軍団に配属され、第19戦車師団その他とともに戦った。10月2日デスナー川を渡り、ロースラヴリ～モスクワ街道沿って攻撃した。その後ボーロフスクからコセーリスクまで進んだが、モスクワへの進撃は果たせなかった。

モスクワ近郊での戦車部隊の活動
ДЕЙСТВИЯ ТАНКОВЫХ ЧАСТЕЙ НА БЛИЖНИХ ПОДСТУПАХ К МОСКВЕ

　11月中旬まで西部方面軍の配下部隊は陣地を強化し、人員と兵器・装備の補充を行っていた。11月1日から15日までの間に、作戦行動中の部隊の保有戦車はほぼ3倍に増えた。西部方面軍の指揮下には新たな戦車部隊が入り、たとえば、第16軍の編制には第58戦車師団と第23及び第33戦車旅団が、第49軍の編制には第112戦車師団と第31及び第145戦車旅団がそれぞれ含まれた。それに加え、西部方面軍は数個の狙撃兵師団と騎兵師団を受領した。これらの措置は、各軍に第2梯団を編成し、西部方面軍が機動予備兵力を確保することを可能にした。

　カリーニン方面軍と西部方面軍の連接部では、ソ連第30及び第16軍が防衛戦を展開していた。両軍の戦車部隊は、戦車師団1個と自動車化狙撃兵師団1個、戦車旅団8個からなっていた。11月16日から12月5日にかけての防御戦の過程で、第30及び第16軍の編制には新たに6個戦車旅団と3個独立戦車大隊が加えられた。

　モスクワを北西から守っていた第16軍の中央部はイーストラ方面であった。第16軍の第1梯団として第316狙撃兵師団とドヴァートル将軍配下の第3騎兵軍団が展開し、そこでは第1親衛及び第27戦車旅団が突撃部隊の役割を担った。第2梯団ではイーストラ街道沿いに第28及び第23戦車旅団が待ち伏せ配置されていた。ノヴォ・ペトローフスコエ地区には第33戦車旅団が第16軍司令官の予備兵力として集結していた。第16軍はイーストラ方面に全部で140両の戦車を保有し、3個梯団に分けて配置していた。

　イーストラ方面で予定されていたドイツ軍部隊の進撃を頓挫させるため、西部方面軍司令官は、11月16日の朝から敵のヴォロコラ

1941年11月16日時点のソ連第30軍及び第16軍の戦車部隊兵力構成

軍	師団・旅団	T-34、KV	T-26、BT、T-40、T-60	計
第30軍	第58戦車師団	—	198	198
	第107自動車化狙撃兵師団	2	11	13
	第21戦車旅団	5	15	20
	第8戦車旅団	—	23	23
第16軍	第1親衛戦車旅団	19	20	39
	第27戦車旅団	11	10	21
	第28戦車旅団	5	10	15
	第23戦車旅団	11	20	31
	第33戦車旅団	—	34	34
計		53	341	394

ームスク部隊の翼部に攻撃を発起するよう命じた。この反撃は、第20及び第44騎兵師団、第58戦車師団、第126狙撃兵師団、軍学校連隊［注12］が行うこととなっていた。11月16日朝、第16軍の突撃部隊は前進を開始した。それと同時に、ドイツ軍も第16軍の中央部と左翼の陣地を攻撃した。この日の昼には第16軍にとって困難な状況が生まれた。第16軍の突撃部隊はドイツ軍陣地に3～4kmほど食い込んだが、ドイツ軍もまた第16軍左翼の防御（第18狙撃兵師団）を突破したのだった。しかし、第16軍中央部では、ドイツ軍の攻撃は第316狙撃兵師団とドヴァートル騎兵集団、第1親衛及び第27戦車旅団によって撃退された。

極東からモスクワ郊外に送り込まれたソ連第58戦車師団が行った反撃は、総じて何の成果ももたらさず、むしろ139両！もの戦車を失うという大損害を出しただけで終わった。各騎兵師団の損害もまた大きかった。

第16軍司令官は突撃部隊を戦闘から外し、兵力の再編成を行うことに決めたが、それは11月17日にかけての夜を徹して進めることができた。11月17日の朝からドイツ軍は第16軍の前線全域で進撃を再開した。ドイツ軍はこの結果、ソ連第16軍と第30軍の連接部にある第18及び第24騎兵師団の戦区に楔を打ち込み、攻撃の矛

［注12］軍の教育機関の教習生で編成された連隊。（訳者）

73：クリン地区で撃破されたT-60軽戦車。ソ連第25戦車旅団、1941年11月。（ASKM）

73

先をさらにクリンにまで伸ばした。この進撃を抑えるため、11月17日の夕方、クリンの北西に集結していたソ連第58戦車師団が第30軍の指揮下に移された。

11月18日、ドイツ軍はソ連第16軍の前線全域にわたって進撃を続け、そのソ連部隊を包囲しようと努めた。ソ連戦車旅団は第316狙撃兵師団の歩兵とドヴァートル騎兵軍団と連繋して、この日12回ものドイツ軍の攻撃を撃退した。この過程で、いくつかの集落は独ソ両軍によって何度も争奪が繰り返された。

11月19日の朝からドイツ軍はソ連第16軍の中央部に対する圧迫を弱め、両翼部における戦果を拡大しようとした。そしてドイツ軍は、右翼ではチェリャーエヴァ・スロボダー～パヴェーリツェヴォ街道沿いに、左翼ではポクローフスコエ～ルミャンツェヴォ地区に攻撃の力点を置いた。この作戦は部分的には成功した。ドイツ戦車は19日の午後にはヴォロコラームスク街道をルミャンツェヴォ付近で分断し、その街道をパヴェーリツェヴォに向けて20kmも前進することができた。だが、進撃はここまでだった。激戦は第16軍の中央部でも繰り広げられ、独ソ両軍に多大な損害が出た。ドヴァートル騎兵軍団配下の各騎兵連隊には兵員が60～70名ずつしか残っておらず、戦車旅団もそれぞれ10～12両の戦車しか動かなかった。

11月20日の夕刻までに第16軍は西部方面軍司令官の命令により、また新たな線に後退した。第1親衛、第23、第27、第28戦車旅団は第2梯団に移され、ドヴァートル騎兵軍団は態勢立て直しとソンネチノゴールスク方面掩護のためにイーストラ貯水池の北東にまで退いた。第16軍の最も弱い箇所は右翼（クリン方面）で、そこでは第17、第24、第20、第44騎兵師団と軍学校連隊が激しい戦闘の中でひどく疲弊していた。

ソ連第5軍の戦線では、ドイツ軍は11月16日から18日の間は積極的な行動には出なかった。11月19日と20日にドイツ軍は戦車の支援が付いた2個歩兵師団を使って、ソ連第16軍と第5軍の連接部のロコートニャ～ズヴェニーゴロド方面を攻めた。ここでドイツ軍はソ連軍部隊を駆逐したが、その戦果をさらに発展させることはできなかった。

11月15日の朝からドイツ軍はクリン～ドミートロフ方面で攻勢に移った。この方面はふたつの方面軍（カリーニン方面軍第30軍と西部方面軍第16軍）の境界にあったため、非常に脆弱な箇所であった。主攻撃はモスクワ海の南でドイツ第3戦車集団が担当し、モスクワ海の北では第27軍団が補助的な役割を演じた。ドイツ軍の主攻撃方面では、ラーマ川東岸に沿った24kmの前線をソ連第107自動車化狙撃兵師団と第46自動二輪連隊が守っていた。全部隊は

74：ドイツ150mm榴弾砲の射撃陣地。カリーニン地区、1941年11月。(ASKM)
付記：15cmK18カノン砲。1933年に開発が開始され1938年から運用が始められた、ドイツ国防軍の標準的重砲である。砲身長55口径、弾丸重量43kg、最大射程24,825m、発射速度毎分2発である。

一線に並んで配置されていた。第107自動車化狙撃兵師団第143戦車連隊の戦闘車両は歩兵部隊に組み込まれ、歩兵の直接支援を行っていた。

　モスクワ海の北の26kmの前線ではソ連第5狙撃師団と第21戦車旅団、第2自動車化狙撃兵連隊及び第20予科狙撃兵連隊が戦っていた。ここでもまた、すべての部隊は一列の1個梯団に配置されていた。第21戦車旅団は独自の防御地区を割り当てられ、そこは配下の自動車化狙撃兵大隊が担当した。第21戦車連隊の戦車は2〜3両ずつに分かれて、最前線で敵を待ち伏せていた。このほか、6両の戦車が旅団の突撃部隊に編成された。

　ソ連第30軍部隊は粘り強く抵抗を続けていたが、果たしてドイツ軍の圧力に耐え切れず、新しい線に後退した。ドイツ軍は11月16日に無傷の第6戦車師団を投入して、ソ連第46自動二輪連隊の防御を突破することに成功した。ソ連第30軍司令官はこの方面を掩護するため、第8戦車旅団自動車化狙撃兵大隊と第257狙撃兵連隊を自動車で急派した。

　その後数日間にわたってドイツ軍は何度もヴォルガ河の東岸に渡河しようと試みたが、ことごとくソ連軍部隊に撃退された。ここの前線は1941年11月末まで膠着した。

　11月17日、ソ連第21戦車旅団は自動車化狙撃兵旅団及び予科狙

75：行軍中のⅣ号戦車F1型（Pz. Kpfw.Ⅳ Ausf.F1）。第5戦車師団、1941年11月。（BA）

付記：Ⅳ号戦車F型は、E型の間に合わせの装甲強化車体に対して初めから装甲厚を増した新型車体が採用されていた。しかし武装は短砲身のままであった。このため独ソ戦開始後に遭遇したT-34中戦車やKV重戦車には対抗することができず、長砲身のF2型が開発されることになる。1941年4月から1942年3月までに462両が生産された（ただしそのうち25両はF2型に改造された）。写真の車体は冬季迷彩用の白色塗料が手に入らなかったようで、チョークを使って迷彩を施しており、なんとも涙ぐましいありさまである。

撃兵旅団とともに、度重なるドイツ軍の攻撃を待ち伏せと突撃部隊の攻撃によって撥ね返していた。この日の夕刻に第30軍司令官の命令が出てようやく、旅団はベズボロードヴォ地区のモスクワ海南岸に後退し、到着後に橋梁を爆破した。

ソ連第58戦車師団と第8戦車旅団によって増強された第30軍の南方部隊は、右翼をドイツ軍部隊によってモスクワ海南岸沿いに深く迂回されてしまったものの、11月17日は自らの陣地を守り通し、その日の夕方になってからザヴィードヴォ～レシェートニコヴォの地区に退いた。

11月17日、ソ連軍最高総司令部の命令により第30軍は西部方面軍の指揮下に移された。このとき、第30軍は二手に分かれて行動していた。ひとつは、第5及び第185狙撃兵師団と第46騎兵師団で、モスクワ海北方のヴォルガ河東岸に沿って防御線を展開していた。モスクワ海の南では第58戦車師団と第107自動車化狙撃兵師団、第21及び第8戦車旅団が前線に配置されていた。しかし、この南北両部隊の間には幅12～15kmの裂け目ができてしまった。

11月15日から19日にかけての戦闘で第30軍配下の戦車部隊は多大な損害は出しながらも戦闘能力は失わなかった。11月20日に赤軍政治指導本部長のL・メーフリスはI・スターリンに第30軍戦車部隊の状態について次のように報告している――「極東から到着し

76：待ち伏せするKV-1重戦車。西部方面軍第145戦車旅団、1941年11月。（RGAKFD）

77：戦闘配置についたKV-1重戦車。西部方面軍第1親衛戦車旅団、1941年11月。（ASKM）
付記：76・77ともに1941年型溶接砲塔装備型である。

78：N・キンデル中尉（右端）の KV-1重戦車搭乗員。西部方面軍、1941年11月。（ASKM）
付記：ソ連戦車兵のパッドの入った戦車兵ヘルメットに注目。ドイツ軍は初期はベレー帽、中期以降規格帽、略帽などを使用していたが、これは格好は良いかもしれないが実用的ではなかった。戦車内部は突起なども多く頭の保護が必要である。現在では世界的にこの写真に見られるような形式が主流となっている。

［注13］1941年10月12日付ソ連国家防衛委員会令により創設されたモスクワ市及び近郊の地域防衛組織でモスクワ軍管区司令部が指揮をとった。基本的に方面軍と同様の組織であるが、直接敵軍と対峙しているわけではないので、方面軍（原語ではFRONTと呼び、前線の意味も持つ）にはならない。（訳者）

た第58戦車師団は、犯罪的ともいえる指揮のために粉砕され、その残存兵力はヴォローニノに集結した。11月20日、第58戦車師団司令官のコトリャロープ将軍は拳銃自殺し、次のメモを残していた。『完全なる混乱と統制の喪失。非は最上級幹部にあり。我、混乱の責を負うことを望まず。対戦車障害物を越えてヤムーガに退き、モスクワを救いたまえ』。この屈服者はサインの後に、『この先の見込みなし』と付け加えた。

第8戦車旅団はまだ良いとしても、現在の保有車両は、KV重戦車2両、T-34中戦車3両、T-26軽戦車2両、T-40水陸両用戦車8両に過ぎない。第107自動車化狙撃兵師団は前線に114名の兵員が残り、後方には51組の乗員が戦車もなしに待機している。メーフリス」。

西部方面軍司令官はクリン方面での各部隊の行動を調整するため、ザハーロフ将軍の指揮下に作戦集団を編成した。そこには、第16軍の右翼部隊（第126狙撃兵師団、第17及び第24騎兵師団、軍学校連隊、第25及び第31戦車旅団、第129独立戦車大隊、対戦車駆逐大隊2個、モスクワ防衛圏［注13］狙撃大隊1個、砲兵連隊1個）が移された。第16及び第5軍の連接部を守るためには、西部方面軍予備から第108狙撃兵師団と第145戦車旅団が派遣された。第5軍司令官に対しては、ズヴェニーゴロド方面を防衛し、第16軍との連接部を掩護する責務の特別な重要性が強く言い渡された。

11月20日～23日のクリン防衛戦
ДЕЙСТВИЯ ТАНКОВЫХ ЧАСТЕЙ ПРИ ОБОРОНЕ КЛИНА 20-23 НОЯБРЯ

　ザハーロフ将軍が作戦集団を引き連れてクリン地区に到着したとき、そこにはドイツ第3戦車集団（戦車師団2個、自動車化師団1個、歩兵師団2個）と第5軍団が行動していた。それに対峙していたのは、第107自動車化狙撃兵師団司令官のチャンチバッゼ大佐が統括していたソ連第30軍部隊（第107自動車化狙撃兵師団、第58戦車師団、第21及び第8戦車旅団）と第16軍作戦集団であったが、かなりの損害を出していた。ところで、チャンチバッゼ集団はクリン防衛の責任者であるザハーロフ将軍の指揮下にはなく、第16軍作戦集団はクリン西方の長い前線を守っていたことを考えると、ソ連軍部隊の置かれた困難な状況がはっきりと浮き彫りになる。

　ドイツ軍の主攻撃の矛先は、街道沿いを北西からと、ヴィソコーフスクの西と南から伸びていった。ソ連軍部隊はこの方面全部の防衛を組織することはできず、各防衛線に個々の抵抗拠点を配していたに過ぎない。第107自動車化狙撃兵師団は第8戦車旅団とともにザヴィードヴォ～レシェートニコヴォの線で戦っていた。第58戦車師団と第21戦車旅団自動車化狙撃兵大隊はクリン街道を防護していた。ここには、第30軍の指揮下に移された第16軍第24騎兵師団が後退してきた。第21戦車旅団は自動車化狙撃大隊を残して、第30軍司令官予備部隊としてロガチョーヴォ地区に外された。第8戦車旅団の戦車は、第107自動車化狙撃兵師団の歩兵と緊密な連繋をとりながら行動していた。

　第58戦車師団の戦車は師団配下の歩兵と連繋して、待ち伏せ戦法をとりながら防御戦闘を展開していた。第58戦車師団の1個戦車中隊は第24騎兵師団とともに行動し、別の戦車中隊は自動車化狙撃兵大隊と一緒に第30軍司令官予備部隊を構成した。

　チャンチバッゼ集団の部隊は第30軍のほかの部隊と切り離され、クリンを西と南西から防衛していた第16軍部隊との連絡に十分に努めなかった。その上、11月22日には、チャンチバッゼ大佐は通信連絡が欠如しているために、配下部隊をクリンの北東の線に撤退させる命令を発した。その結果、第30軍部隊はクリン防衛にたいした役割を果たすことができなかった。

　11月20日、ザハーロフ将軍は指揮下の作戦集団によるクリン方面防衛を次のように組織した。ソ連第17騎兵師団は第25戦車旅団とともにクリン市への西からの近接路を守り、軍学校連隊は第129独立戦車大隊と共同でゴールキ～トローイツコエの線で西からの第1梯団を構成し、この線の南西では第126狙撃兵師団が防御につい

79：T-34中戦車の乗員が戦闘課題を確認している。左側に立っている戦車下士官は捕獲したパラベラムP08拳銃を携行している。西方面軍、1941年11月。（ASKM）
付記：T-34中戦車1941年型である。主砲基部や初期型の機関銃基部の様子がよくわかる。車体前面の機関銃基部と操縦手ハッチは、T-34の（比較的に）ウィークポイントであった。

79

た。対戦車駆逐大隊とモスクワ防衛圏狙撃兵大隊は、クリン市の直接防衛のために残され、第31戦車旅団の戦車は作戦集団司令官予備とされた。

　11月20日から21日にかけてザハーロフ作戦集団の配下部隊はクリン市への近接路で激戦を繰り広げた。11月22日、ソ連第16軍司令官はザハーロフ集団に命令を発した——「第31戦車旅団と第426曲射砲砲兵連隊[注14]は第126狙撃兵師団及び第129独立戦車大隊と協力して、セーリノ～ヴヴェジェンスコエ地区の敵部隊を殲滅せよ」。

　しかし、この反撃命令は誤りであった。なぜならば、チャンチバッゼ集団の撤退によってクリン北方の防御が弱まっていたところに、さらに南西の防御も手薄になっていたからだ。反撃のための部隊再編成は、夜を徹しても11月23日の朝までに間に合わなかった。そして、ドイツ軍はこの日の朝、ソ連部隊に先じてクリンの北と南を襲い、日中にはモスクワに通じる街道のダヴィトコヴォ（クリンの南東）とノヴォ・シチャーポヴォ、シリャーエヴォ（クリンの北東）に進出した。ザハーロフ作戦集団はこの日は終日半ば包囲されかかりながら戦い続け、11月24日にかけての夜半になってクリン東方に後退し、そこで人員1500名、24両の戦車、12門の砲をもって防戦態勢に移った。

　このように、ザハーロフ作戦集団はクリン地区でドイツ軍の進撃を阻止するには至らなかったものの、5日間は遅滞させ、多大な損害を与えた。

　クリン防衛戦では戦車旅団の用兵上の重大な欠陥が顕著となった。個々の狙撃兵部隊支援のために戦車兵力が中隊・小隊単位で分散され、狙撃兵大隊レベルの支援にまで駆り出された。また、1日の間に戦車に対して出される命令が二転三転とした（1日の間に3～4回変更されることも時々あった）。さらに、わずか1週間に戦車旅団の所属がある軍から別の軍へ、またその逆へと変えられたりもした。そして、戦車のメインテナンスの時間が考慮されておらず、その結果しばしば機械的な原因で戦車が故障した。

[注14] 曲射砲と平射砲を装備した混成連隊とされていた。（訳者）

80：トゥーラの鉄道労働者によって建造された装甲列車第13号「トゥーラの労働者」。装備されている砲は76.2㎜砲M1902/30である。1941年11月。（ASKM）

81：戦闘行動中の装甲列車第16号。西部方面軍、トゥーラ地区、1941年11月。（ASKM）

80

81

82：出陣を控えて整列した装甲列車第13号「トゥーラの労働者」の乗員。トゥーラ市、1941年11月。(ASKM)

11月21日～24日のイーストラ地区における戦車部隊の活動
ДЕЙСТВИЯ ТАНКОВЫХ ЧАСТЕЙ В РАЙОНЕ ИСТРЫ 21-24 НОЯБРЯ

　　11月21日、ソ連第16軍の中央部と左翼の部隊はそれぞれの陣地線で激戦を展開した。ドイツ軍は、モスクワにつながる街道を制圧しようとしたが成功しなかった。ノヴォ・ペトローフスコエ地区ではソ連第33戦車旅団が第18狙撃兵師団と連繋して戦っていた。11月22日、ソ連第8親衛狙撃兵師団と第18狙撃兵師団はドイツ軍歩兵の圧迫に屈し、ナザーロヴォ～パルフェンキ～ドーレヴォ～ヤドローミノの線に後退した。しかし、この線でドイツ軍の前進はソ連第1親衛戦車旅団と第23戦車旅団の戦車の待ち伏せ射撃によって引き留められてしまった。ソ連第27及び第28戦車旅団はこのとき第16軍の第2梯団に移された。

　　11月23日は、ソ連第1親衛戦車旅団と第23、第33戦車旅団が1日かけて狙撃兵師団のイーストラ川線への後退を掩護し続けた。ソ連戦車旅団は待ち伏せと反撃を組み合わせた行動でドイツ軍部隊に大きな損害を与えた。待ち伏せ陣地は戦車2～3両と自動車化狙撃兵小隊1個の単位で、フィラートヴォ、チャーノヴォ、ホルヤーニハ（以上、待ち伏せ陣地第1梯団）、サーヴィノ、グレーボヴォ、ホルシチェーヴィキ、ヤーベジノ（以上、待ち伏せ陣地第2梯団）の各地点に配置された。ブジャーロヴォ～グレーボヴォ～サーヴィノの地区には4～6両編成の突撃戦車部隊が待機していた。イーストラへと撤退する第8親衛狙撃兵師団と第18狙撃兵師団の両翼に突進しようとするドイツ軍の試みは失敗した。

　　11月24日、ソ連戦車旅団の掩護の下、第8親衛及び第18、第78

の各狙撃兵師団はイーストラ川の東岸に退いたが、そこには西部方面軍予備から送られた第301及び第302機関銃大隊（それぞれ60挺の重機関銃を保有）、第694及び第871対戦車砲連隊が守りを固めていた。第27及び第28戦車旅団は可動兵器の欠如から、西部方面軍予備として兵器補充のために戦列から外された。この日はまた、西部方面軍予備から派遣された第146戦車旅団がイーストラの西に到着した。

戦車旅団による狙撃兵師団の後退掩護は次のように進められた。第23戦車旅団は第18狙撃兵師団の、第33戦車旅団は第78狙撃兵師団の、そして第145戦車旅団は第108狙撃兵師団の後衛部隊兼掩護梯団として行動した。第1親衛戦車旅団と第146戦車旅団はそれぞれの防御担当地帯を持ちながら、第18及び第78狙撃兵師団の戦区を守った。この日の終わりには第145戦車旅団を除くすべての戦車旅団はイーストラ川の東岸に移った。

西部方面軍軍事会議は戦線右翼の戦闘活動を振り返って、第8親衛狙撃兵師団とドヴァートル騎兵軍団、第1親衛及び第27、第28戦車旅団の活動を高く評価した。「6日間の戦闘は、目下の激戦の決定的な意義を各部隊が理解していることを示している。このことは、勇猛果敢な第50及び第53騎兵師団（ドヴァートル騎兵軍団）と第8親衛及び第413狙撃兵師団、第1親衛及び第27、第28戦車旅団その他部隊が猛烈な反撃へと発展させた英雄的な抵抗が物語っている」。

ズヴェニーゴロド方面のドイツ軍は11月20日以後ズヴェニーゴロドの北東に若干前進することができた。しかし、ソ連第16軍との連接部の前線には崩されなかった。ズヴェニーゴロド地区で行動していたソ連第145及び第22戦車旅団は第108及び第144狙撃兵師団と連携して、ドイツ軍がこの町を北東から迂回するのを許さなかった。

イーストラ川とイーストラ貯水池の東岸に防御を固めた第16軍左翼部隊と第5軍右翼部隊は、連綿と続く前線を形成した。しかし、第16軍の右翼と中央の裂け目は次第に広がり、そこのソンネチノゴールスク方面の防備は脆弱になった。このおかげでドイツ軍は11月24日にズヴェニーゴロド市への突入に成功した。ソ連第126及び第138独立戦車大隊の増援を受けたドヴァートル騎兵軍団は、11月25日に第44騎兵師団と狙撃兵連隊1個の兵力でもってゴローフコヴォで反撃に出て、ドイツ軍のソンネチノゴールスク部隊を包囲しようと試みた。だが、この反撃は大きな損害を出して失敗に終わった。

11月25日～30日のソンネチノゴールスク方面での戦い
ДЕЙСТВИЯ ТАНКОВЫХ ЧАСТЕЙ НА СОЛНЕЧНОГОРСКОМ НАПРАВЛЕНИИ 25-30 НОЯБРЯ

　クリンとソンネチノゴールスクの制圧後、ドイツ第3戦車集団の主力部隊はロガチョーヴォ～ドミートロフ方面に進み、ソ連第30軍と第16軍の連接部に切り開いた突破口を拡大し、モスクワ記念運河の渡河施設を奪取しようと図った。第3戦車集団の一部はレニングラード街道に沿ってクリューコヴォとヒムキに進み、ソンネチノゴールスク方面で行動していた第4戦車集団との連携を組織しようとした。また、第4戦車集団の主力は、イーストラ川線を制圧し、クラスノゴールスク及びトゥーシノに向けて街道沿いに攻勢を拡大しようと試みていた。

　ソ連軍最高総司令部はモスクワの北西から迫ってくる脅威を取り除くため、ソンネチノゴールスクの南東に第7親衛及び第133狙撃兵師団をトラックに乗せて急派することに決めた。クリューコヴォ地区にはイーストラ貯水池の防衛線から外された第8親衛狙撃兵師団と第1親衛戦車旅団が向かった。モスクワ記念運河の線のフレブニコヴォの南には、最高総司令部の指示でリジュコーフ将軍のモスクワ防衛圏北方部隊が展開した。このほか、ソ連第16軍の右翼は戦車旅団2個（第145及び第24）と独立戦車大隊2個（第126及び第138）で強化された。

83：モスクワ郊外の農村に停まっているFAI-M軽装甲車とKV-1重戦車（奥）。西部方面軍第22戦車旅団、1941年11月。（G・ペトローフ氏所蔵）。

付記：KV-1重戦車は1941年型溶接砲塔型である。FAI-Mは、GAZ-A乗用車をベースに1932年に開発されたFAI軽装甲車の改良型で、1936年から生産が開始された。軽装甲ボディを備え、全周旋回砲塔に機関銃を装備している。1930年代のソ連軍偵察部隊の主力装備車として使用されたが、1936年以降BA-20軽装甲車と交代が進んでいた。

84：第20戦車旅団のT-26軽戦車縦隊が陣地変換のために移動している。西部方面軍、1941年11月。（ASKM）
付記：手前は円錐形砲塔に傾斜装甲車体を持つ1939年型、向こうは円筒形砲塔の1933年型である。

[注15] 突撃軍とは、攻勢作戦において前線主攻撃方面で活動し、敵部隊の壊滅と攻勢拡大を主目的として編成される部隊で、戦車や砲・迫撃砲が通常の軍よりも多く配備されていた。第1突撃軍は1941年11月にスターフカ予備の第19軍を改編して創設された。（訳者）

　ドミートロフ方面の防衛のため、ソ連第30軍司令官は、左翼の全部隊を同軍参謀長のヘタグーロフ将軍の指揮下に統合し、さらに狙撃兵連隊2個と76㎜砲大隊1個、親衛迫撃砲大隊1個、機関銃大隊1個を付けて増強した。

　第30軍と第16軍の連接部で防御に転じていたソ連部隊は、第2梯団を形成し、機動予備部隊となるよう指示を受けた。これは、ソ連側の防衛戦の性格を大きく変えた。ヘタグーロフ集団は、11月25、26日の両日、ロガチョーヴォ地区で兵力の優勢なドイツ軍が数回にわたって仕掛けてきた攻撃を撃退した。これらの戦闘でドイツ軍は20両の戦車と800名を越える兵員を失った。しかし、ソ連側の損失も相当なものだった。第58戦車師団と第8戦車旅団はほとんどすべての戦車を失い、砲兵部隊には砲が数門ずつしか残っていなかった。11月26日の日暮れには、ソ連軍部隊はロガチョーヴォを放棄してドミートロフより西の線に後退することを余儀なくされた。そこではまた、11月27日と28日の2日間にわたり粘り強い戦いが繰り広げられた。

　11月28日にかけての夜半、ドイツ軍はヤフローマに突入し、小さな部隊（戦車12両と2個小隊規模の歩兵）が勢いに乗じて橋を奪取、モスクワ記念運河の東岸に渡河した。11月28日、ドイツ軍は運河の東岸にあるペレミーロヴォとイリインスカヤ、ボリシーエ・セメーシキの村々を占拠した。しかし、ヘタグーロフ集団と第1突撃軍[注15]の果敢な行動によって、ドイツ軍のその後の進撃は停め

85～87：装甲自動車BA-20、BA-10、BA-6重装甲車の縦隊が新しい防衛線に移動している。西部方面軍第18戦車旅団、1941年11月。(ASKM)

付記：写真85は先頭がBA-10でその後ろがBA-6であろう。BA重装甲車の系列は、各車が非常に似通っていて区別は容易ではない。BA-10重装甲車の装甲厚は最大15mmで最大速度は53km/hであった。写真86・87のBA-20はGAZ-M1乗用車車台を使用して、軽装甲ボディを備え全周旋回砲塔に機関銃を装備していた。装甲厚は最大9mmで最大速度は90km/hを発揮できた。1936年から生産が開始された。

られた。11月29日、ソ連第123及び第133独立戦車大隊と第29及び第44狙撃兵旅団は砲兵の支援を受けながら反撃に出て、ドイツ軍部隊を運河の西岸に押し返した。翌11月30日、ドイツ軍はソ連第30軍の前線全域にわたって防御に転じた。

　こうして、ソ連戦車旅団は第30軍の歩兵その他の部隊と共同で積極的に活動し、ドイツ軍の攻撃力を消耗させ、前線全域にわたる防勢転移を余儀なくさせた。ロガチョーヴォとドミートロフの地区では、ソ連戦車は対戦車砲拠点の間で移動射撃トーチカとして使用され、部分的に反撃にも用いられた。

　イーストラ線でのドイツ軍部隊は、11月25日から28日の間足止めされていた。クリューコヴォ方面を掩護する必要から第8親衛狙撃兵師団と第1親衛戦車旅団がイーストラ川の線から外されてから、ドイツ軍はようやくソ連軍部隊をこの線から駆逐することに成

功した。だが、ドイツ軍はそれ以上進むことはできず、イーストラより東のペトローフスコエ〜レーニノ〜ロジジェストヴェンノの線に12月のソ連軍の大反攻まで留まっていた。

　第16軍と第30軍の連接部に対するドイツ軍の圧力も、第31及び第24、第145戦車旅団とリジュコーフ集団の積極的な行動によって押し返された。その結果、モスクワ記念運河沿いのイークシャ南方とクリャージマ川の線のポヤールコヴォ〜クルーシノ〜リヤーロヴォ地区においてソ連軍は形勢を安定させることができた。

　こうして、11月30日までに第30及び第16軍、それに第5軍右翼部隊はドイツ軍の進撃を食い止め、それぞれの防衛線を確保することに成功した。

　ドイツ軍は15日間の進撃で70〜90km前進したものの、何ら戦術的な成果を上げることはできなかった。それどころか、11月30日には、西部方面軍の右翼でドイツ軍の進撃に危機の兆候が見え始めた。この時点でドイツ軍が積極的な攻勢活動を展開していたのは、ソ連第16軍の戦区のみとなった。ドイツ軍はソ連第30軍の前線では防御に転じ、第5軍の右翼では釘づけになって身動きがとれずにいた。

　11月15日から30日にかけて西部方面軍戦車部隊の間で最も広く用いられていた戦闘形式は、待ち伏せ戦法、それに歩兵との緊密な連繋の下での防御戦闘、そして独自の防御戦闘の展開、であった。しかしながら、市街地での防衛拠点を守る戦闘においては重大な欠陥が発見された。それは、戦車兵力が歩兵部隊間に分散され、1日の間に戦闘課題や行動地区までもがしばしば変更され、戦車の回収と修理の問題にあまり関心が寄せられていなかったことである。これらの点はすべて戦車と乗員の無用な損失につながり、クリンやソンネチノゴールスク、イーストラといった都市の防衛戦で短期間に敗退する原因となった。

88：装甲列車の高射班が敵機を射撃している。西部方面軍、1941年11月。（CMAF）

付記：37mm対空機関砲M1939である。最大有効射高は3,000m、5発入りクリップで装塡され、発射速度は毎分160〜180発であった。手前の砲が前方、その前が左方、さらに遠方の砲は右方と各々振り分けて空を睨んでいるのがわかる。

89

89・90：歩兵を搭載したBA-20重装甲車。行軍などの移動では歩兵を搭載することもあったが、戦闘時にはこのようなことはもちろんありえない。これらはプロパガンダ用の写真で、しかも停車時に撮影している。西部方面軍第20戦車旅団、1941年11月。（ASKM）

付記：戦車に跨乗するのがタンクデサントならば、「オートモビールデサント」とでも呼んだら良いのだろうか。歩兵が手にしているのはモシン・ナガン小銃とデクチャリョーフ機関銃である。

91：ナロ・フォミンスク地区のBA-20重装甲車と自走砲ZIS-30（奥）。西部方面軍第20戦車旅団、1941年11月。（ASKM）

90

91

92

93

92：歩兵をデッキに搭載したⅢ号戦車G型。この車両は戦術番号731を持ち、砲塔の部隊章からして第2戦車師団の所属と思われる。ソンネチノゴールスク地区、1941年11月。(ASKM)
付記：ジャーマングレイのままでまったく迷彩が施されておらず、これでは雪中では目立って仕方がないだろう。歩兵は一部が白布でカモフラージュをしているが、やはリフィールドグレイの野戦服は背景の雪とマッチしていないのがわかる。

93：クリューコヴォ地区の陣地に着いた第5戦車師団所属のⅢ号戦車J型。幅広の白い帯を描いた冬季迷彩が施してある。1941年12月初頭。(BA)
付記：車体に帯状の白色迷彩が施されているのが興味深い。

94：イーストラの街中に立つⅢ号戦車J型。砲塔側面には第10戦車師団第7戦車連隊の部隊章であるバイソンのシルエットが見える。1941年11月。(BA)
付記：各種部隊の標識が乱立してまるで森のようだ。部隊名を解読してみるのもいいだろう。当時の第10師団の活動については、小社より邦訳版刊行予定の『The 10. Panzer Division（第10戦車師団写真史）』(J. J. Fedorowicz Publishing)を参照されたい。

11月18日〜12月5日の西部方面軍戦車部隊
БОЕВЫЕ ДЕЙСТВИЯ ТАНКОВЫХ ЧАСТЕЙ НА ЛЕВОМ ФЛАНГЕ ЗАПАДНОГО ФРОНТА С 18 НОЯБРЯ ПО 5 ДЕКАБРЯ

　ドイツ軍の西部方面軍左翼における新たな進撃が、11月18日に始まった。ドイツ第2戦車軍の主攻撃は、第24戦車軍団の兵力をもってトゥーラの南東からスタリノゴールスク〜ヴェニョーフ〜カシーラ方面に向かって発起された。この攻撃はソ連第413及び第299狙撃兵師団の陣地がある狭い戦区で実行された。ドイツ第47戦車軍団は第24戦車軍団の右に梯形隊形をとって、ミハイロフ〜リャザン方面を攻めた。ボゴロージツク方面では、ドイツ第53軍団が第47戦車軍団の右後方に続いて進撃していた。ドイツ軍部隊の兵力はそれまでの戦闘で疲弊していたものの、迎え撃つソ連第50軍左翼部隊に対しては優勢であった。たとえば、主攻撃方面に置かれたソ連軍狙撃兵師団2個と定数不足の戦車旅団3個は、4個戦車師団、1個自動車化師団、2個歩兵師団からなるドイツ軍部隊と戦わねばならなかった。このため、最初のうちソ連軍部隊は後退を余儀なくされ、トゥーラ北東の戦況は緊迫した。

　ソ連西部方面軍左翼の機甲部隊の防御活動は3段階から構成される。第1段階は11月18日から21日にかけてシャート川とドン河の

線で実施されたトゥーラ南東での防御戦；第2段階は11月22日から26日にわたるトゥーラ、ヴェニョーフ、ラープテヴォ、リャザン、カシーラ、ザライスクの各防衛戦区守備隊の指揮下での防御戦；第3段階は11月27日から12月5日まで実施された、ベロフ将軍の西部方面軍機動集団によるカシーラ地区での反撃である。

11月18日～21日のトゥーラ南東の赤軍戦車部隊

　ソ連第50軍の戦車部隊は、ドイツ軍の新たな進撃がトゥーラ地区で始まったとき、歩兵と連携行動をとっていた。第11戦車旅団は第299狙撃兵師団と、第32戦車旅団は第413狙撃兵師団とそれぞれ行動をともにし、第108戦車師団は第50軍予備として控えていた。これら戦車部隊は全部で66両の戦車を保有していた。ドイツ軍部隊、とりわけその戦車兵力の優勢を意識して、第50軍の戦車は次のように割り振られた。第32戦車旅団の戦車は第413狙撃兵師団に9両、第299狙撃兵師団に5両、トゥーラ防衛戦区守備隊に7両を配置し、残る8両は第413狙撃兵師団司令官予備兵力として第2梯団に置かれた。第11戦車旅団は可動戦車を5両しか持っておらず、第299狙撃兵師団の1個狙撃兵連隊とともにデジーロヴォの防衛にあたった。第11戦車旅団の自動車化狙撃兵大隊と第108戦車師団（将兵約2,000名、T-26戦車30両）は第50軍司令官予備部隊となり、シャート川とドン河の線の第2梯団に残った。

　兵力の優勢なドイツ軍部隊は11月18日に第50軍の防衛線を第413及び第299狙撃兵師団の戦区において突破し、その日の終わりにはデジーロヴォを制圧した。第413狙撃兵師団の戦区では第32戦車旅団の戦車が反撃に出てドイツ軍の進撃を停止させた。しかし、狙撃兵師団の形勢を回復するまでには至らなかった。

　11月19日、第50軍司令官は第108戦車師団と第32戦車旅団の兵力をもって反撃を発起し、形勢を回復するよう命令を発した。しかし、ドイツ軍はソ連軍部隊に先んじて進撃を始めたため、ソ連戦車部隊は終日ドイツ軍の数々の攻撃を撃退するのに追われた。第32戦車旅団の主力は歩兵部隊と緊密に連繋した待ち伏せ戦法をとった。とりわけ首尾良い活躍を見せたのはザポロージェツ大尉の部隊（T-34中戦車2両、KV重戦車1両）である。この部隊は11月19日はドイツ軍の攻撃を何度か退け、敵の戦車11両を撃破、300名に上る歩兵を戦死させた。

　翌日、第32戦車旅団と第108戦車師団の前線はすでに連続性を欠いていたものの、第413及び第299狙撃兵師団と連繋して頑強な遅滞戦闘を繰り広げ、この日の終わりにはシャート川沿いの線に後退した。

　11月21日にドイツ軍は戦車師団を用いてソ連第50軍のシャート

95：行軍中の第6戦車師団のⅣ号戦車D型縦隊。1941年11月。(BA)
付記：Ⅳ号戦車D型は、B/C型とは車体設計を変更し主砲基部も外装式防盾となり、Ⅳ号戦車短砲身型の完成形といえた。1939年10月から1941年5月までに229両が生産された。

川の防衛線を突破し、ウズロヴァーヤとスタリノゴールスクを制圧、そのことによって第50軍をふたつに分断した。ドイツ軍の突破を封じ、ヴェニョーフ方面を守るため、西部方面軍の命令でテレシコーフ将軍の指揮下にヴェニョーフ防衛戦区守備隊が編成され、そのために第11、第32両戦車旅団及び第108戦車師団の各戦車部隊残余兵力がかき集められた。11月22日には、ヴェニョーフ戦区守備隊の編制に第112戦車師団第124戦車連隊も加えられた。トゥーラを南東方向から防衛するため、第290及び第217、第154狙撃兵師団と第125独立戦車大隊からなるトゥーラ防衛戦区守備隊が復活させられた。第413及び第299狙撃兵師団と第31騎兵師団は、トゥーラ戦区守備隊とヴェニョーフ戦区守備隊の連接部の防御にあたった。

　第50軍の防衛線が突破されたことから、ソ連軍はトゥーラ北東の作戦上重要な線と拠点を強化すべき緊急措置をとる必要が出てき

た。ソ連軍最高総司令部の決定により、すでに編成されたトゥーラ戦区及びヴェニョーフ戦区の守備隊のほか、西部方面軍指揮下にリャザン戦区、ザライスク戦区、カシーラ戦区、コロームナ戦区、ラープテヴォ戦区の各守備隊が編成された。リャザン戦区の防衛には西部方面軍予備から第17戦車旅団が派遣され、ザライスク戦区の防衛には第9戦車旅団と独立戦車大隊2個（第127及び第135）が差し向けられた。カシーラ戦区にはベローフ将軍の第2騎兵軍団と第112戦車師団が向かった。ラープテヴォ戦区は、最高総司令部予備から与えられた第340狙撃兵師団が守りについた。

11月22日～26日のヴェニョーフ、カシーラ、ラープテヴォ戦区の防衛

　連綿たる前線がもはや存在しないなか、防衛戦を各戦区単位で組織したことは、西部方面軍司令官をして形勢を回復するだけでなく、反撃兵力を整えることをも可能ならしめた。これら戦区の防衛のあらゆる局面で積極的な役割を果たしたのは、対戦車防衛の基幹をなしていた少数の戦車であった。

96：イーストラ地区で撃破されたイギリス製の歩兵戦車Mk.Ⅲヴァレンタイン。これは、モスクワ郊外の戦闘に使用された最初のイギリス戦車のひとつのようだ。1941年11月。（BA）

付記：米英連合国はレンド・リース法に基づきソ連に援助物資を送ったが、このなかには多数の戦車が含まれていた。レンド・リースは1941年10月に開始されているので、写真の車体はまさに援助されたてほやほやであった。それが早くもこのような姿になり果てるとは。なお歩兵戦車Mk.Ⅲヴァレンタインは全部で3,807両が送られた。ヴァレンタインはそれほど傑出した性能を持つ車体ではなかったが、頑丈で信頼性が高かったためソ連軍には好まれた。このため本国向けの生産が終わった後も、ソ連向けに生産が続けられたほどであった。遠方はドイツ軍のⅡ号戦車c～C型である。

97：モスクワ郊外の対戦車障害物の傍に立つイギリス製歩兵戦車Mk.Ⅲヴァレンタイン。1941年11月。(CMAF)

付記：鉄道用レールを組み合わせた対戦車障害物がものものしい。現在モスクワ郊外のヒムキには、この戦いを記念した巨大な対戦車障害物のモニュメントが立てられている。

98：前線に向かうイギリス製歩兵戦車Mk.Ⅲヴァレンタイン。モスクワ郊外、1941年11月。(CMAF)

ヴェニョーフ戦区の防衛には第108戦車師団と第32及び第11戦車旅団、第112狙撃兵師団第124戦車連隊、それに第73狙撃兵師団1個狙撃兵大隊の合計30両の戦車と約500名の歩兵（戦車旅団所属の歩兵も含む）であった。ここの防衛にあたっては、ヴェニョーフ市に通じる道路上に待ち伏せ陣地が配置された。1個の待ち伏せ陣地には2〜3両ずつの戦車と1個歩兵小隊が待機していた。市内にはヴェニョーフ戦区守備隊長の小規模な突撃部隊が残されていた。しかし、待ち伏せ陣地間、それに突撃部隊との通信連絡態勢を整えることは間に合わなかった。時間と兵員の不足からヴェニョーフ市そのものの防衛を準備することもできなかった。この戦区の前線は10kmを越え、各待ち伏せ陣地間の距離は1〜2kmで、戦車砲射撃によってカバーされていた。ドイツ軍はヴェニョーフ市を強襲して制圧しようとしたが、果たせなかった。11月23日のドイツ軍の攻撃はすべて撃退された。ソ連軍の待ち伏せ陣地からの射撃で戦車14両と1個大隊規模の歩兵を失ったドイツ軍は、11月24日の朝からはヴェニョーフを正面から攻めることは躊躇して、この町を両翼から迂回し始めた。ソ連戦車はヴェニョーフ市の外縁まで後退し、終日半ば包囲されかかりながらも激戦を続けていたが、夕暮れになってとうとうこの都市を放棄した。ソ連第108戦車師団と第124戦車連隊の1個戦車中隊はラープテヴォに、第32戦車旅団と第124戦車連隊の残存部隊、第11戦車連隊所属自動車化狙撃兵大隊はトゥーラ地区へとそれぞれ撤退した。

　ヴェニョーフ方面でのソ連戦車部隊の戦闘活動は多くの教訓を残した。第一に、戦車による待ち伏せ戦法が、オカー川のカシーラ、セールプホフ、コロームナの各地区の渡河施設へ強行突破しようとしたドイツ軍の計画を頓挫させた。第二に、ヴェニョーフ市内でも待ち伏せ戦法を採用したことは、ドイツ軍のヴェニョーフ戦区での進撃を2日間遅滞させ、カシーラ、ラープテヴォ、ザライスク、リャザン各戦区の防衛態勢をより強固にすることができた。第三に、ヴェニョーフ戦区防衛の弱点は、各待ち伏せ陣地間及び突撃部隊との通信連絡が欠如していたこと、それに歩兵の数が少なかったことにあった。ヴェニョーフ戦区の教訓は、前線が途切れ途切れとなった左翼全域の戦区単位防衛の準備に活かされた。

　ヴェニョーフ戦区で損害を出したドイツ軍司令部は、11月25日に部隊の一部をルードニェヴォとザライスクに転進させた。カシーラ方面ではドイツ第17戦車師団のみが行動していた。このように、主攻撃方面で行動していたドイツ第24戦車軍団の兵力は、ソ連軍防衛地帯の弱点を探しているうちに広範な前線に分散してしまった。ソ連第50軍の形勢はまだまだ厳しいものがあったが、ドイツ軍はすべての進撃方面において兵力の優勢を失ってしまったので

99：イギリス製歩兵戦車MK.Ⅱマチルダの白色迷彩塗装。西部方面軍第136独立戦車大隊、1941年11月。（CMAF）

付記：歩兵戦車Mk.Ⅱマチルダも1,084両が援助されたが、こちらはあまり評判が良くなかった。それは機動力が悪く、特に雪上ではひどかったからだ。写真のような雪の中では致命的である。おそらく側面のスカートに雪が詰まって固まってしまったのだろう。それでも本車は装甲の厚さを生かして、歩兵支援に用いられた。

100：独ソ開戦以来、20両のドイツ戦車を撃破した戦車下士官I・リュープシキン。西部方面軍、1941年11月。(ASKM)

101：ヴォロコラームスク街道で戦闘配置についたT-34中戦車。西部方面軍、1941年11月。(CMAF)
付記：T-34中戦車1941年型溶接砲塔型。完全に車体は壕に入り、砲塔だけが顔を出している。ドイツ戦車にとっては極めて扱いにくい危険な敵だ。

ある。このため、すでに11月26日にはドイツ軍部隊はラープテヴォ、カシーラ、ザライスク、リャザン各戦区への進入路でその足を止められた。しかも、これらの戦区の守備兵力が多くはなかったにもかかわらずにである。たとえば、ラープテヴォ戦区は狙撃兵連隊と砲兵連隊が各1個、それに第108戦車師団の残余部隊が守っていただけで、第340狙撃兵師団は11月26日までにパホーモヴォとラープテヴォの各駅に最初の2個梯団しか到着させられなかった。また、カシーラ地区ではソ連第112戦車師団（第124戦車連隊と自動車化狙撃兵大隊を除く）と第173狙撃兵師団が行動していたが、これらの部隊は到着後大急ぎで指示された線の防御についたばかりだった。

このような状況下、西部方面軍司令官は最高総司令部の指示により、カシーラ地区に第2騎兵軍団（11月26日、第2騎兵軍団は第1

親衛騎兵軍団に改称）と第112戦車師団、第173狙撃兵師団、第9戦車旅団、親衛迫撃砲連隊、独立戦車大隊2個（第127、第135）からなる前線機動集団を編成し、その統合指揮は第2騎兵軍団司令官ベローフ将軍に委ねられた。この集団は、「北東方面、そしてザライスク及びリャザン方面に進撃中の敵を粉砕せよ」との命令を受領した。11月26日、機動集団の配下部隊は目的の場所に移動中であった。第9戦車旅団と独立戦車大隊2個はコロームナからザライスクに向かい、第112戦車師団はイヴァーニコヴォ地区で、第173狙撃兵師団はカシーラ地区でそれぞれ防御についた。カシーラ地区にはまた騎兵軍団も前進していた。

　11月26日の日中、カシーラ地区にドイツ第17戦車師団の配下部隊が突入した。それに伴い、ベローフ機動集団は新たな命令を受領した──「カシーラ地区から南方へ前線正面を転回し、敵を粉砕、南方へ駆逐せよ」。

　騎兵軍団と第112戦車師団は命令遂行に着手し、11月26日〜27日の間カシーラ南方でドイツ軍の攻撃をすべて撃退した。11月27日の夕刻までにカシーラ地区ではソ連第15親衛迫撃砲連隊と第173狙撃兵師団が、ザライスク地区では第9戦車旅団と独立戦車大隊2個が集結を完了した。11月28日、ソ連騎兵軍団は第112戦車師

102：待ち伏せするT-26軽戦車。西部方面軍第20戦車旅団、1941年11月。（ASKM）
付記：円筒形砲塔に角形車体のT-26 1933年型である。森の中にうまく隠れている。

103：行軍中の第1親衛戦車旅団のT-60軽戦車群。西部方面軍、1941年11月。（ASKM）
付記：T-60軽戦車でもこれだけ並べば壮観だろう。本車は改良されたといっても不十分な戦闘能力しか持っていなかった。それでも量産が続けられたのは、とにかくなんでも前線で使えるものを必要としていたソ連軍の絶望的な状況のためであった。

団と連携して、ピャートニツァ～オジェレーリエ方面で反撃を発起し、ドイツ軍部隊を5～6km南方に押し返した。11月29日はずっと、ベローフ機動集団がドイツ軍部隊への攻撃を繰り返したため、ドイツ軍は15km後退して防御に移った。

それから11月30日にかけての夜半、ドイツ軍はミハイロフ地区から第29自動車化師団と第167歩兵師団の部隊を引き寄せてソ連機動集団への反撃を試みたが、これらの反撃はすべて撃退された。ベローフ機動集団司令官は11月30日付の命令第89号の中で、配下部隊は到達した線で防御を固め、ヴェニョーフ方面への進撃継続が可能な態勢を整えておくよう命じた。この進撃は、攻撃正面を広くとり、その両翼には戦車部隊を、また中央部には騎兵軍団を配して進めることになっていた。第173狙撃兵師団は第49軍の予備に回された。

若干の部隊再編成を済ませたベローフ機動集団は12月1日に進撃を再開した。第112戦車師団と第35独立戦車大隊、それに第9戦車旅団と第127独立戦車大隊はこの日の終わりにはパーヴロフスクとチューネジュをそれぞれ獲得した。翌日も機動集団部隊はドイツ軍の反撃を押し返していった。いくつかの集落は数回にわたってソ連軍とドイツ軍による争奪が繰り返された。この日の暮れにはドイツ

104

軍の反撃はみな撃退され、ベローフ部隊は5〜7km前進していた。

　ドイツ戦車がトゥーラの北に進出したことに伴い、ソ連第112戦車師団は12月3日にベローフ機動集団の編制から外され、ラープテヴォ〜シュリギノー地区に移された。ドイツ軍は12月4日にソ連第9戦車旅団を押し返したものの、第2親衛騎兵師団と第127独立戦車大隊の反撃によってソ連軍の形勢は回復された。12月5日は大損害を蒙ったドイツ軍がアフォナーシエフカ〜ウヴァーロフカ〜マルイギノの線に後退し防御に転じた。

　こうして、ベローフ将軍の機動集団が首尾良い反撃の結果、ドイツ軍の進撃はカシーラ方面で挫折した。成果を収めぬままに大損害を出したドイツ軍司令部は、12月5日以降はカシーラ方面での進撃を断念し、防御に移らざるをえなくなった。

　ソ連西部方面軍左翼での戦車部隊の使用に見られる否定的なポイントは、戦車部隊が頻繁に分割され、多くの指揮官の間を転々とさせられたことである。戦車は任地に到着後、決まってすぐに戦闘に投入され、兵器や装備を十分に整備し、歩兵や砲兵、騎兵との連携を整える余裕もなかった。戦車部隊のこのような用い方は、ソ連軍の反撃攻勢が始まるのを控えながら、戦車部隊の力を大きく低下させることにつながった。

104：モスクワ防衛圏のK・テレーギン政治委員がNKVD（＝内務人民委員部）軍装甲列車第73号の乗員に戦闘課題を与えている。この装甲列車は、11月28日にヤフローマ地区でドイツ軍戦車部隊の進撃を遅滞させることに成功した。背後には装甲鉄道自走車D-2が見える。西部方面軍、1941年12月。（ASKM）

付記：手前の砲は76.2mmM1902/30野砲であろうか。遠方には3連装の対空機関銃が見えるが、おそらくこれは前に出たものと同じく、PV-1航空機用機関銃を転用したものであろう。

11月16日〜12月5日の西部方面軍中央部での赤軍戦車部隊
БОЕВЫЕ ДЕЙСТВИЯ ТАНКОВЫХ ЧАСТЕЙ НА ЦЕНТРАЛЬНОМ УЧАСТКЕ ЗАПАДНОГО ФРОНТА С 16 НОЯБРЯ ПО 5 ДЕКАБРЯ

　西部方面軍の中央部では、ドイツ軍は11月の後半は積極的な行動をとらなかった。しかし、西部方面軍中央にかなりのドイツ軍兵力（5個軍団と1個戦車軍団）がいたために、ソ連軍は敵の攻撃を想定して十分な兵力をここに留めておかざるをえなかった。

1941年11月16日現在の西部方面軍中央部の戦車部隊兵力

軍	師団・旅団	KV	T-34	T-26、BT、T-40、T-60	計
第5軍	第82自動車化狙撃兵師団(第27独立戦車大隊)	3	10	11	24
	第18戦車旅団	—	—	10	10
	第20戦車旅団	—	5	21	26
	第22戦車旅団	—	—	18	18
	第25戦車旅団	—	4	19	23
	第1親衛自動車化狙撃兵師団	3	11	23	37
第33軍	第24戦車旅団	3	11	26	40
第43軍	第9戦車旅団	3	9	12	24
	第26戦車旅団	—	11	20	31
	第31独立戦車大隊	3	11	12	26
	第112戦車師団	—	—	140	140
第49軍	第145戦車旅団	9	29	29	67
	第31戦車旅団	3	12	29	44
計		27	113	437	500

　赤軍戦車部隊は、各対戦車防御拠点に砲兵と狙撃兵師団とともに次のように配置された。

第5軍
ズヴェニーゴロド（第18戦車旅団）、ロコートニャ〜ミハイロフスカヤ（第22戦車旅団）、トゥチコーヴォ〜ドーロホヴォ（第20戦車旅団）、アクーロヴォ（第27独立戦車大隊）、クビンカ（第25戦車旅団）；

第33軍
ナロ・フォミンスク（第5戦車旅団）、ペトローフスコエ（第140及び第136独立戦車大隊）；

第43軍

カーメンカ（第24戦車旅団）、クレストゥイ（第9戦車旅団）、ストレミーロヴォ（第26戦車旅団）；

第49軍右翼

エカテリーノフカ（第112戦車師団）。

　1～3両単位の戦車は防衛拠点の奥深くと待ち伏せ陣地の最前方に置かれた。また、待ち伏せ陣地は2段構えで設置されたりもした。たとえば、モジャイスク街道では待ち伏せ陣地の第1梯団には第25戦車旅団の戦車が、ポドーリスク街道では第24戦車旅団の戦車がそれぞれ配置され、その後方に第9戦車旅団の戦闘車両が第2梯団として待機していた。

　特徴的な待ち伏せ陣地の配置が行われたのは、ドイツ第57戦車軍団が戦闘活動を展開していたソ連第43軍地区である。対戦車防御を強化する目的で、第43軍の戦車は軍の前線に沿って分散配置され、たとえば、第24戦車旅団の待ち伏せ陣地帯は11kmに及んだ。しかも、この戦車の防壁は不動のものではなく、状況しだいで最前線でもその奥でも動き回ることができた。ソ連戦車の突撃部隊は、ドイツ戦車の攻撃をまず待機位置（待ち伏せ陣地）からの射撃で応戦し、その後反撃に出て敵に防戦を強いた。前線中央部には戦車の待ち伏せ陣地による強力な防衛態勢を整えるとともに、第43軍の対戦車砲拠点網には水濠障害帯や対戦車壕、永久トーチカと簡易トーチカが造られた。重要な方面には同様の防御地帯がさらにもうひとつ準備されていた。これらの措置はすべて、防御戦闘において戦車をより合理的に使用し、各戦車旅団の部隊を前線中央部からドイツ軍の主攻撃が展開されていた翼部に回すことを可能にした。11月末には、西部方面軍の両翼には第19、第24、第25、第31、第145の各戦車旅団と第112戦車師団が順に送り込まれていった。これら戦車部隊は必ず夜間に自走して移動していったため、新しい地区への集結の隠密性を保つことができた。

　とはいえ、戦車部隊の中央部から翼部への移動がドイツ軍司令部に気づかれずには済まなかった。そこで、西部方面軍翼部の進撃が限界点に達した12月1日、ドイツ軍は西部方面軍の中央部にさまざまな方向から何度か攻撃を仕掛けた。ズヴェニーゴロドの北東では歩兵師団2個と戦車師団1個が、ナロ・フォミンスク地区では歩兵師団1個と戦車師団1個が、またソ連第43軍の左翼では1個連隊規模の歩兵が戦車とともに攻撃を発起した。しかし、モスクワまで突破するに十分な兵力と資材をドイツ軍はこれらの地区にはすでに持ち合わせていなかった。主攻撃軸のナロ・フォミンスク地区におい

105：戦闘陣地に移動するBT-7快速戦車とT-26軽戦車（増加装甲板装備）。西部方面軍第5戦車旅団、1941年11月。（RGAKFD）
付記：バルバロッサ作戦緒戦の大打撃で、ソ連軍は大量の戦車を失い戦車部隊の編成を旅団や大隊規模に縮小せざるをえなくなった。並んだ2車は本来別々に配属されるべき戦車であったが、このころのソ連軍では戦車不足のためとにかく使えるものはなんでもかき集めて配備するような状態となっていたため、このような部隊も珍しくなかった。

106：待ち伏せするイヴァノーフ中尉のT-30軽戦車。西部方面軍、1941年12月初頭。（RGAKFD）
付記：T-30軽戦車はT-38水陸両用戦車の後継車体としてT-40軽戦車と競作された車体で、水陸両用機能を持たない点が異なっていた。前述したようにT-40軽戦車に敗れ、ごく少数が製作されたに止まるが、とにかく使えるものなら何でもというわけか、こんなものも実戦に投入されていたのは驚きだ。武装には20mm機関砲を装備していた。

105

106

109

107：行軍中のT-34中戦車とT-60軽戦車の縦隊。西部方面軍、1941年11月。（ASKM）
付記：T-60軽戦車は戦車旅団または独立戦車大隊に、T-34中戦車とともに配備された。しかし路上ではT-34に遅れないものの、不整地では機動力に劣り、また攻撃力、防御力ともに不十分なため次第にその編成比率は下げられていった。

　てさえドイツ軍は兵力の優勢を確保できなかった。

　先にも指摘したとおり、これはドイツ軍が戦略的成功を達成しようとした最後の試みであった。

　12月1日の終わりにはドイツ軍はソ連第33軍の防衛をノーヴァヤ村において突破し、ナーラ～クビンカ街道に出た。それと同時に、ドイツ軍はナロ・フォミンスクの南方（ソ連第43軍地区）とズヴェニーゴロドの北東（ソ連第5軍防御地帯）で進撃を開始した。そして、ナロ・フォミンスクの南（第110狙撃兵師団地区）とズヴェニーゴロドの北東（第144狙撃兵師団地区）にいたソ連軍部隊をいくらか押しのけることはできた。クビンカ方面のドイツ軍部隊は、ソ連第27独立戦車大隊が活動していたアクーロヴォ対戦車拠点で進撃を止められてしまった。35両の戦車を失ったドイツ軍部隊はそこから、12月2日に獲得したユシコーヴォに農道をつたって撤退せざるをえなくなった。このとき、ドイツ軍戦車はゴリーツィノ付近のモスクワ～ミンスク街道とアラービノ付近のナロ・フォミンスク街道に出ようとした。

　ソ連第33軍司令官のエフレーモフ将軍はこの突破を封じて形勢を回復させるため、第18狙撃兵旅団とスキー大隊2個、戦車旅団2個（第5及び第20）独立戦車大隊2個（第136及び第140）、対戦車砲連隊1個、親衛迫撃砲大隊2個からなる作戦集団を編成した。第33軍司令官の企図によれば、敵の突破部隊はソ連軍の戦車と歩兵

108：45mm対戦車砲を牽引するコムソモーレツ装甲牽引車が射撃陣地を移動している。**西部方面軍、1941年11月。（RGAKFD）**
付記：コムソモーレツは本来このように、弾薬車と砲を牽引し、後部に砲員を搭乗させる形で使用される。しかし軽装甲ボディを持ち機関銃を装備しているので、軽戦車代わりに使用されることもあった。

　の集中攻撃によってユシコーヴォ～ブールツェヴォ地区で壊滅するはずであった。

　12月3日朝、ソ連第5戦車旅団は歩兵部隊とともに攻撃に移った。しかし、ドイツ軍は旧砲兵演習場の塹壕と鉄条網を利用して堅固な防御戦闘を展開した。第5戦車旅団の攻撃は失敗した。第20戦車旅団と第145及び第140独立戦車大隊、それにスキー大隊は12月3日のうちにポクローフスコエ村を制圧した。第18狙撃兵旅団はこの日の午後になってようやく攻撃を開始し、前進は見られなかった。戦闘は夜を徹し、さらに12月4日の日中も続いた。ドイツ軍は戦車を待ち伏せ攻撃に用い、頑強な抵抗を示した。しかし、ソ連軍部隊に三方から圧迫され、ユシコーヴォとブールツェヴォの放棄を余儀なくされ、ゴロヴェーニキ方面へ撤退し始めた。

　この撤退するドイツ軍を追撃殲滅するため、12月4日にサフィール大佐を司令官とし、第5戦車旅団と戦車大隊2個、スキー大隊2個からなる戦車集団（戦車計19両）が編成された。サフィール戦車集団に対しては、「ゴロヴェーニキ方面を急襲し、第1親衛自動車化狙撃兵師団との連絡を確立した後、第18狙撃兵旅団と連繋してタシーロヴォを制圧、形勢を回復せよ」、との課題が与えられた。サフィール戦車集団はこの課題を12月5日の午後に実現した。ユシコーヴォ～ブールツェヴォ地区の3日間の戦闘で、ドイツ軍では2,000名以上の将兵が戦死し、赤軍は戦車27両と砲36門、機関銃

109

110

109：T-60軽戦車の戦車長T・ブグローフ軍曹（左）と乗員。西部方面軍、1941年11月。（ASKM）
付記：戦車兵はウシャンカと呼ばれる防寒帽を被っている。

110：捕獲したドイツオートバイBMW R12に乗って戦闘課題の遂行に向かう赤軍偵察部隊。西部方面軍、1941年11月。（ASKM）
付記：先頭のサイドカーには、前に見たソ連製サイドカーのようにちゃんとデクチャリョーフ機関銃が装備されているのがおもしろい（ただし、機関銃架はなく、手で保持しているのみのようだ）。

111：射撃陣地にある自走砲ZIS-30。この車両は、砲の威力のわりにひ弱な車体が反動を抑えることができず、また弾薬搭載量も少なく、実用上の評価は低かった。この写真はもちろんプロパガンダ用に撮影されたもので、その証拠に砲の脚が上がったままである。このまま発射すれば、反動で砲身もはね飛ばされてしまう。西部方面軍、1941年11月。（RGAKFD）

40挺、迫撃砲10門、装甲自動車2両を捕獲した。

　ドイツ軍のユシコーヴォ〜ブールツェヴォ地区の突破が封じ込められたのと同時に、ナロ・フォミンスクの南に突き刺さった楔も取り除かれてしまった。この地区ではソ連第110狙撃兵師団とともに第31独立戦車大隊と第43軍司令部独立警備戦車中隊（戦車計20両）が戦っていたが、それらは小規模な戦車軍に分かれ、歩兵との連繋を取りながら道路沿いで行動した。

　こうして、赤軍戦車部隊の歩兵と連繋した強力な反撃の結果、ソ連軍前線を中央部で断ち割って、モスクワに南西方向から突入しようとしたドイツ軍の試みは完全に打ち砕かれた。アクーロヴォ、ユシコーヴォ、モグートヴォでのドイツ軍突破部隊の壊滅は、前線右翼のソ連軍部隊の活動に見られ始めた戦局の転換をより確かなものとし、西部方面軍部隊が防勢から反撃攻勢へと移るための現実的な条件が整っていった。

　西部方面軍の中央地区における赤軍機甲部隊の戦闘活動の特徴を評価する上では、戦車を対戦車防御拠点網の中で使用し、待ち伏せと反撃を組み合わせた戦法がその後も活かされていったことを指摘しておかねばならない。この戦法は、11月の第20、第24、第26、第9各戦車旅団と第27独立戦車大隊の戦闘活動の過程で完成の域に達した。その一方、戦車旅団の集まりが騎兵と連繋した反撃では深刻な欠陥が認められ、戦車はまともな成果も上げぬままに失われていった。

1941年11月15日～12月5日の西部方面軍右翼及び中央部での戦闘活動

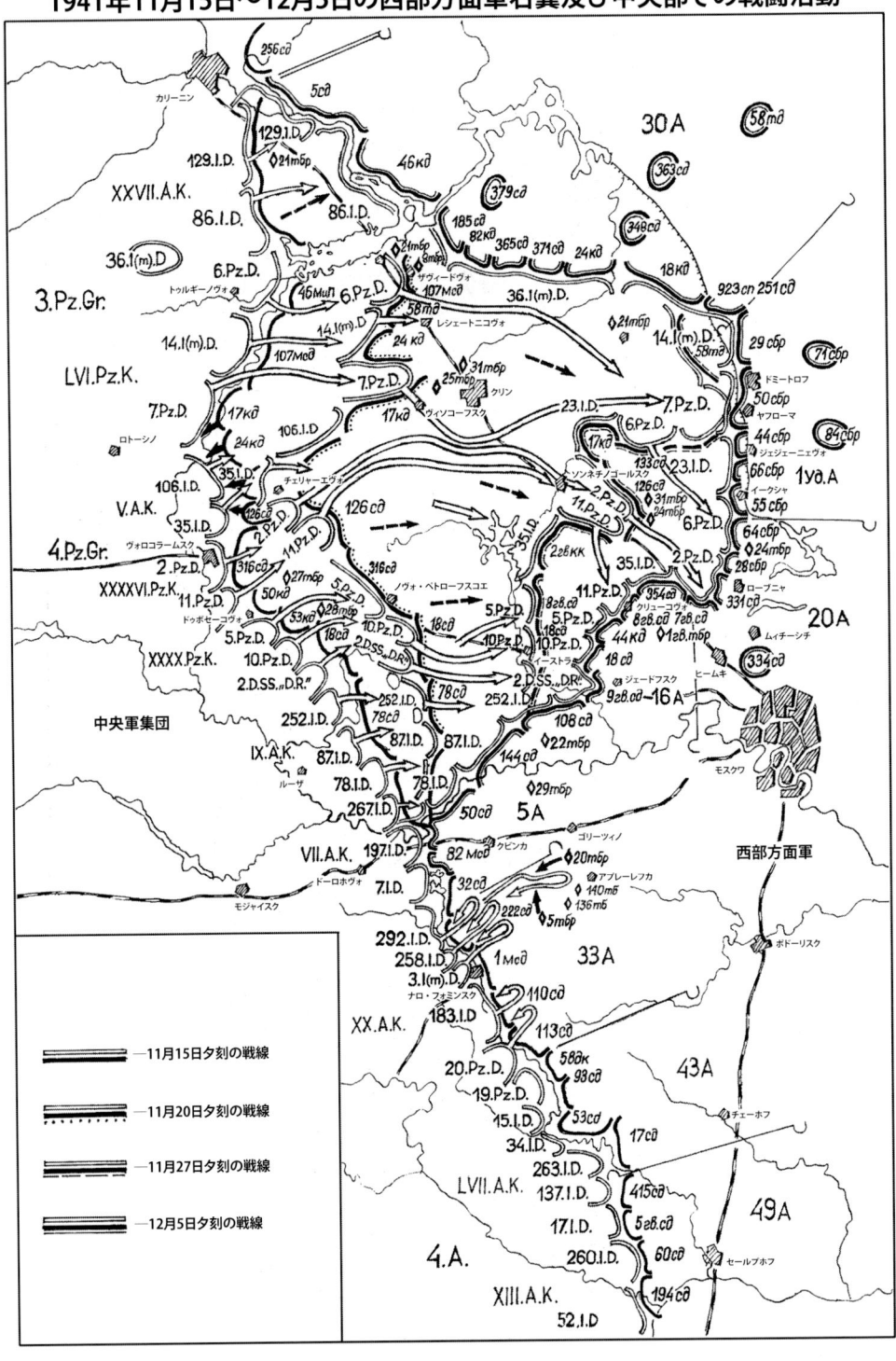

1941年11月17日〜12月5日の西部方面軍左翼での戦闘活動

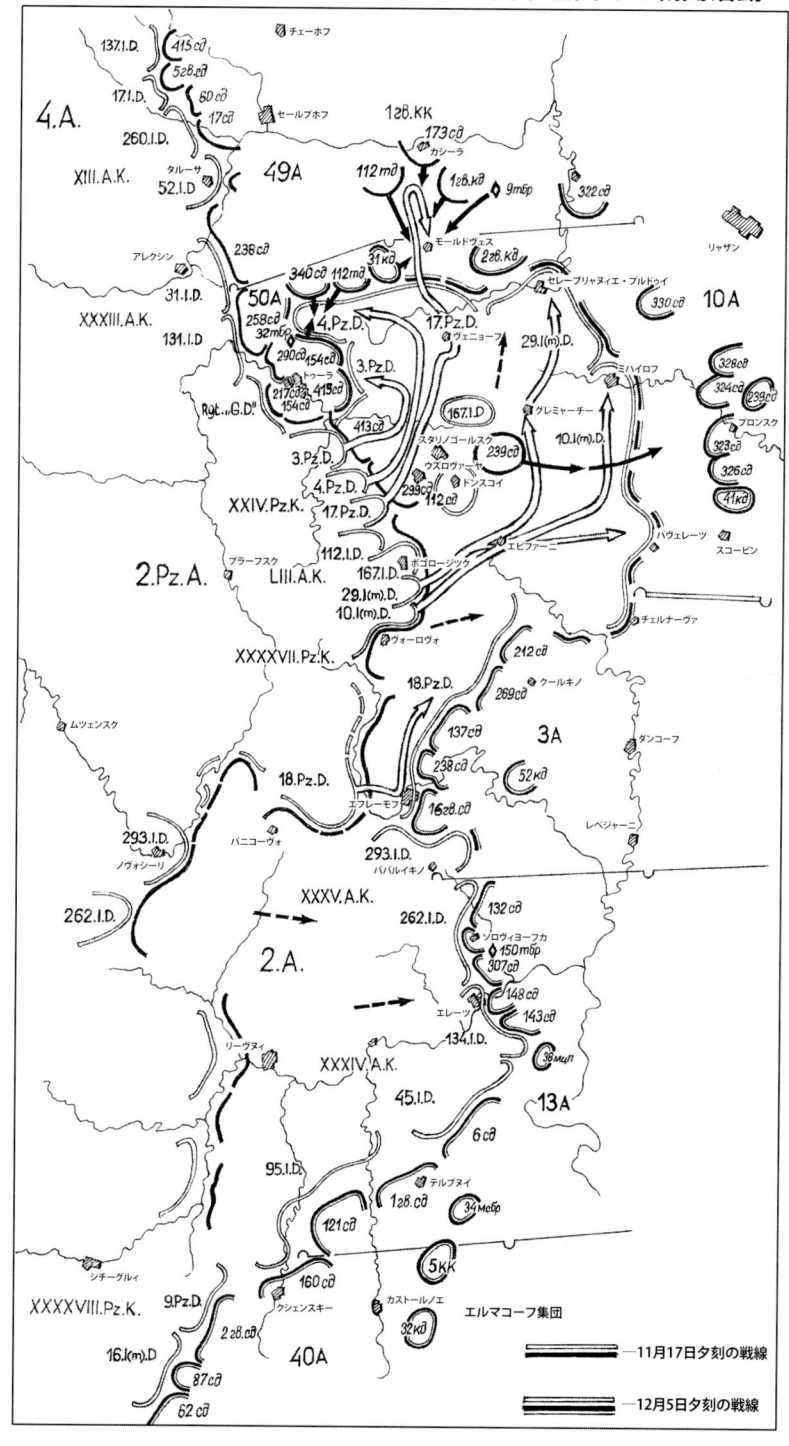

112

113

12月1日～4日の西部方面軍翼部の赤軍戦車部隊
ДЕЙСТВИЯ ТАНКОВЫХ ЧАСТЕЙ НА ФЛАНГАХ ЗАПАДНОГО ФРОНТА 1-4 ДЕКАБРЯ

　1941年12月初めの赤軍戦車部隊は、西部方面軍部隊の攻勢転移準備が進むのを背景に活動していた。戦闘はおもに、ドイツ軍が1941年12月5日まで積極的な攻勢を続けていた西部方面軍の両翼で展開された。

　ドイツ軍クリン部隊への反撃を用意していたソ連第30軍の戦車部隊は、12月2日までにドミートロフ地区の防衛戦区をソ連第1突撃軍に任せて後方に移され、次のように配置された。第107自動車化狙撃兵師団はコナーコヴォ地区に、第58戦車師団（戦車なし）はキームルィ地区へそれぞれ集結し、第8戦車旅団は第365狙撃兵師団との共同出撃地点につき、第21戦車旅団は第371狙撃兵師団との共通の位置で待機した。12月4日、ヴェルビールキ駅では、第348狙撃兵師団支援のために到着した第145独立戦車大隊の兵器・装備の積み下ろしが始まった。

　ソ連第1突撃軍は、モスクワ記念運河東岸沿いにのびる、第30及び第20軍の連接部の防御につき、12月1日は、2個狙撃兵旅団（第44、第71）と第123独立戦車大隊の兵力をもって運河を渡り、ドイツ軍部隊をその西岸から駆逐し、ヤフローマの南西に橋頭堡を築いた。12月2日、第1突撃軍の先鋒部隊である第44、第56、第71狙撃兵旅団と第123及び第133独立戦車大隊は、この橋頭堡でドイツ軍部隊との遭遇戦を繰り返した。12月3日から5日にかけて第1突撃軍の配下部隊はフェドートフカとカーメンカの地区で進撃を続けた。この間の戦闘は激しく、いくつかの集落は独ソ両軍による争奪が何度も繰り返された。

　5日間の戦闘の結果、第1突撃軍はドイツ軍部隊に深刻な損害を与え、そのモスクワ記念運河東岸への進出を最終的に挫折に持ち込んだ。

　ソ連第16軍地帯ではドイツ軍部隊は11月30日にクラースナヤ・ポリャーナとヴラドウイチノ、カチューシャを制圧し、モスクワまでの距離は火砲の射程にまで縮まった。12月2日、ソ連第20軍部隊（第331狙撃兵師団、第28狙撃兵旅団、第134及び第135独立戦車大隊）は形勢を回復するため、第16軍レーミゾフ集団と連繋してクラースナヤ・ポリャーナ方面で攻撃を発起した。両戦車大隊は歩兵の直接支援にあたり、レーミゾフ集団の第145戦車旅団と第282自動車化狙撃兵連隊は単独で行動した。12月3日と4日は極めて激しい戦闘が繰り広げられ、一進一退が続いた。12月4日から5日にかけての夜半、ソ連第24及び第31戦車旅団は奇襲を仕掛けて、ド

112：モスクワ郊外の農村の中の I 号戦車。砲塔に見える部隊章から、この車両はドイツ国防軍第10戦車師団に所属していたものと思われる。1941年12月（または1942年1月）。（BA）
付記：I 号戦車はA型かB型か不明。向こう側に見えるのは中統制型乗用車であろう。真ん中には所在なげなロシア兵捕虜が見える。

113：陣地転換するIII号突撃砲E型。モスクワ地区、1941年12月。

114：撃破されたドイツ軍のⅡ号戦車C型の傍に立つ赤軍兵。西部方面軍、1941年11月。（ASKM）
付記：Ⅱ号戦車もソ連軍の軽戦車同様、独ソ戦ではもはや活躍の余地はなかった。

イツ軍の強力な防御拠点となっていたベールイ・ローストの町を占拠した。ベールイ・ローストではドイツ軍は戦車11両と装甲自動車6両、自動車12台、1個中隊規模の歩兵を失った。このように、12月5日までにソ連第20軍地区でもドイツ軍は多大な損害を出して進撃を止め、防勢に移った。

　ソ連第16軍は12月1日から5日までの間、レニングラード及びヴォロコラームスク両街道沿いとクリューコヴォ地区で繰り返されたドイツ軍の攻撃を撥ね返していた。第16軍左翼師団はソ連第5軍部隊と協力して、12月3日から5日にズヴェニーゴロドの北東で反撃に出て、12月1日から2日の戦闘でドイツ軍に押さえられていたいくつかの集落を解放した。歩兵と連繋したこれらの反撃では、第17及び第22、第146の各戦車旅団が積極的な行動を見せた。まさにこれら戦車旅団の活躍こそが、ドイツ軍部隊にこの地区で防御態勢への移行を強いたのだった。

　西部方面軍左翼部隊は、12月初頭はトゥーラの北西で戦闘行動を展開した。12月3日、ドイツ第24戦車軍団の戦車はトゥーラ～セールプホフ街道に進出し、ドイツ第43軍団部隊と合流してソ連第50軍のトゥーラ戦区の包囲を完了しようと図った。

　トゥーラ包囲の脅威を取り除くため、ソ連第49軍司令官ザハールキン将軍の指揮下に作戦集団が編成された。それには、第340狙

撃兵師団と第131独立戦車大隊、第112戦車師団（T-26軽戦車13両と歩兵約400名）、第21火焔放射大隊、ラープテヴォ戦区守備隊（第510狙撃兵連隊と第124戦車連隊戦車中隊1個、自動車化狙撃兵中隊2個、対戦車砲中隊6個）が含まれていた。しかし、ザハールキン作戦集団の攻撃は12月6日に始まり、西部方面軍左翼の総反撃攻勢と重なった。

115：出撃を控えたT-34中戦車。カリーニン方面軍、1941年12月。（ASKM）
付記：T-34中戦車1941年型初期生産型である。操縦手ハッチ、機関銃マウント、シャックルかけなどの初期型の特徴がわかる。

116：前線に移動するT-26軽戦車。西部方面軍、1941年12月。(ASKM)
付記：円錐形砲塔に角形車体のT-26 1937年型である。白色の迷彩塗装は施されていないものの、うっすらと各部に貼り付いた雪が良い雪中カモフラージュとなっている。

まとめ
ЗАКЛЮЧЕНИЕ

　赤軍戦車部隊がモスクワ防衛戦で演じた役割はきわめて大きい。戦車部隊はしばしば、最高総司令部予備兵力や西部方面軍主力部隊がモジャイスク防衛線に展開するのを保障し、西部方面軍の中央部及び翼部の形勢安定化に努め、ドイツ軍の最初のモスクワ進攻作戦の第一段階を頓挫させることに大きく貢献した。

　11月から12月初めのモスクワ近郊での戦闘において赤軍戦車部隊は対戦車地区や重要な防衛線と集落の防衛にあたり果敢な行動を示し、ドイツ軍攻撃部隊に相当の損害を与えた。西部方面軍翼部の形勢安定化に果たした戦車部隊の役割は特筆に値する。

　しかし、ソ連軍戦車部隊の活動には数多くの否定的な側面があったことも確かである。多くの戦車部隊司令官は配下部隊の指揮の経験が浅く、熟練の人材が不足していたことから、戦車はしばしば練度の低い戦車兵が操作・操縦し、戦車の回収・修理部隊の作業も十分効率的とは言えなかった。また、上級司令部が偵察も砲兵や歩兵の支援もなしに戦車を戦闘に投入することも稀ではなかった。これらはみな、人員と兵器の損害をいたずらに増やすことにつながった。

　このことは、後にソ連軍の手に渡った、ドイツ第4戦車集団司令部が1941年11月に赤軍戦車部隊の効果を記した報告書の次の一節

1941年9月30日～12月5日のモスクワ防衛戦に参加した赤軍戦車部隊一覧

部隊名	司令官の氏名・階級	部隊指揮期間	備考
第58戦車師団	アレクサンドル・コトリャローフ戦車軍少将	1941年3月11日～11月20日	1941年12月に第58戦車旅団へ改編
第1親衛自動車化狙撃兵師団	アレクサンドル・リジュコーフ大佐	1941年9月22日～11月30日	
	チモフェイ・ノーヴィコフ少将	1941年11月30日～1941年12月15日	
第82自動車化狙撃兵師団	ゲオルギー・カラームィシェフ大佐	1941年3月11日～1942年1月10日	1942年3月19日、第3親衛自動車化狙撃兵師団に改称
第101自動車化狙撃兵師団	グリゴーリー・ミハイロフ大佐	1941年9月16日～10月20日	部隊解散
第107自動車化狙撃兵師団	ポルフィーリー・チャンチバッゼ大佐	1941年8月31日～1942年1月12日	1942年1月12日、第2親衛自動車化狙撃兵師団へ改編
第108戦車師団	セルゲイ・イヴァノーフ大佐	1941年7月15日～12月2日	1941年12月、第108戦車旅団に改編
第112戦車師団	アンドレイ・ゲートマン大佐	1941年9月9日～1942年1月3日	1941年12月、第112戦車旅団に改編
第1親衛戦車旅団	ミハイル・カトゥコーフ戦車軍少将	1941年11月11日～1942年4月2日	
第4戦車旅団	ミハイル・カトゥコーフ大佐	1941年9月8日～11月11日	1941年11月11日、第1親衛戦車旅団に改称
第5戦車旅団	ミハイル・サフロノ中佐	1941年9月17日～1942年3月5日	1942年3月5日、第6親衛戦車旅団に改称
第8戦車旅団	パーヴェル・ロートミストロフ大佐	1941年9月14日～1942年1月11日	1942年1月11日、第3親衛戦車旅団に改称
第9戦車旅団	イヴァン・キリチェンコ中佐	1941年9月14日～1942年1月5日	1942年1月5日、第2親衛戦車旅団に改称
第11戦車旅団	ポーリ・アルマン大佐	1941年9月1日～12月1日	
第17戦車旅団	ニコライ・クルイピン少佐	1941年9月1日～12月7日	1942年11月17日、第9親衛戦車旅団に改称
第18戦車旅団	アファナーシー・ドルジーニン中佐(1941年12月11日～大佐)	1941年9月1日～1942年4月15日	1943年4月10日、第42親衛戦車旅団に改称
第19戦車旅団	セルゲイ・カリホーヴィチ大佐	1941年9月10日～1942年7月12日	1942年12月8日、第16戦車旅団に改称
第20戦車旅団	チモフェイ・オルレンコ大佐	1941年9月1日～10月1日	
	ゲオルギー・アントーノフ大佐	1941年10月2日～12月15日	
第21戦車旅団	ボリース・スクヴォルツォーフ大佐	1941年10月9日～11月7日	1942年11月、第12親衛戦車連隊に改編
	アンドレイ・レソヴォイ中佐	1941年11月6日～1942年7月15日	
第22戦車旅団	イヴァン・エルマコーフ中佐	1941年10月2日～10月15日	1943年10月23日、第40親衛戦車旅団に改称
第23戦車旅団	エフチーヒー・ベローフ大佐	1941年10月1日～1942年7月15日	
第24戦車旅団	ヴァシーリー・ゼリンスキー大佐	1941年10月10日～1942年3月15日	
第25戦車旅団	イヴァン・タラーノフ大佐	1941年9月28日～10月30日	
	イヴァン・ドゥボヴォイ大佐	1941年10月31日～1942年2月20日	
第26戦車旅団	ミハイル・レーフスキー大佐	1941年10月6日～11月15日	1943年9月19日、第58親衛戦車旅団に改称
	デニース・ブルドーフ大佐	1941年11月16日～1942年7月8日	
第27戦車旅団	フョードル・ミハイリン中佐	1941年10月28日～1942年7月13日	1942年10月、第18戦車連隊に改編
第28戦車旅団	コンスタンチン・マルィギン大佐	1941年9月28日～1942年12月7日	1943年2月7日、第28親衛戦車旅団に改称
第31戦車旅団	アンドレイ・クラーフチェンコ大佐	1941年9月9日～1942年1月10日	
第32戦車旅団	イヴァン・ユシチューク大佐	1941年10月5日～1942年4月2日	
第33戦車旅団	セミョーン・ゴンラフ中佐	1941年9月7日～1943年1月10日	1943年7月26日、第57親衛戦車旅団に改称
第42戦車旅団	ニコライ・ヴォエイコフ戦車軍少将	1941年9月14日～11月1日	部隊解散
第121戦車旅団	ニコライ・ラトケーヴィチ大佐	1941年8月1日～1942年6月15日	1943年2月7日、第27親衛戦車旅団に改称
第126戦車旅団	イヴァン・コルチャーギン大佐	1941年8月17日～12月25日	部隊解散
第127戦車旅団	フョードル・レーミゾフ戦車軍少将	1941年9月2日～10月1日	部隊解散
第128戦車旅団	データ欠如		
第141戦車旅団	ピョートル・チェルノーフ大佐	1941年9月1日～12月1日	部隊解散
第143戦車旅団(第1編成)	イヴァン・イーヴレフ少佐	1941年9月10日～10月20日	部隊解散
第144戦車旅団	データ欠如		
第145戦車旅団	フョードル・レーミゾフ戦車軍少将	1941年10月2日～1942年5月5日	1943年4月10日、第43親衛戦車旅団に改称
第146戦車旅団(第1編成)	イヴァン・セルゲーエフ中佐	1941年9月13日～10月10日	第24戦車旅団に改称
第146戦車旅団(第2編成)	セルゲイ・トーカレフ中佐	1941年11月20日～1943年1月15日	1943年2月7日、第29親衛戦車旅団に改称
第147戦車旅団	データ欠如		
第148戦車旅団	アレクサンドル・ポターポフ中佐	1941年9月16日～1942年1月15日	1943年1月、第148戦車連隊に改編
第150戦車旅団	ボリース・バハーロフ大佐	1941年9月18日～1942年6月15日	1943年6月、第151戦車連隊に改編

117

117：擱坐して乗員に遺棄された KV-2重戦車。モスクワ地区（またはカリーニン地区）、1941年12月。（ASKM）

付記：KV-2重戦車は敵堅陣突破用戦車として、KV-1重戦車を基に開発された。新設計の巨大な砲塔に、152mm榴弾砲を装備している。ごく少数が製作された七角形をした砲塔を持つ初期型と、写真の箱型砲塔の後期型のバリエーションがある。後期型は1940年～1941年に100両が生産された。武装も装甲も強力であったが、増加した重量により機動力が悪く、傾くと砲塔が旋回しなくなるなどの欠陥もあり、早々に生産は打ち切られた。

が裏付けている──「開戦時、ロシア軍戦車兵力は再編の途上にあり、とても独自の作戦行動をとるどころではなかった。全作戦期間中、戦車の役割は歩兵の直接支援に限定され、約10両単位で行動していた。防御戦では埋設された戦車がトーチカとして使用された。戦闘においては他兵科部隊との連携と戦車への火力支援が不十分だと感じられた。そのため、戦車はきまって個別では使用されなかった。暫くしてロシア軍は戦車旅団を創設したが、それは編制上、機動部隊の様相を呈している。しかし、今にいたるもそれらは歩兵とともに（掩護部隊として）ある。ただし、戦車部隊には迅速な集結力と兵器・装備の充実が観察される。戦車搭乗員は、士気の高い選抜された者からなっている。だが、ここ最近は、良く教育された、戦車を熟知している人材が不足しているように感じられる。戦車自体は優秀である。作戦初期に部分的に供給されていた、戦時の要求を満たさない兵器・装備はその後姿を消していった。時が経つにつれ大量に見られるようになったのは、T-34や52t及び64t戦車（KV-1とKV-2のことのようである：著者注）といった重戦車ばかりである。それらは一部、装甲がドイツ製のものを凌駕しており、良質な近代兵器と特徴づけられるべきものである。ドイツの対戦車兵器はロシアの戦車に対して十分効果的ではなかった。高踏破性歩兵装甲輸送装備は現在も見られない。兵器・装備が優秀で数量も優勢であるに

もかかわらず、ロシア人はそれを有効に使用することができない。それは、部隊指揮訓練を受けた士官が不足していることに起因するようである」。

モスクワ防衛戦参加独立戦車大隊一覧

第27独立戦車大隊
第82自動車化狙撃兵師団の編制内で行動。10月30日現在、KV重戦車3両、T-34中戦車10両、T-60軽戦車10両、T-30軽戦車7両を保有。指揮官はイヴァーノフスキー大尉。

第35独立戦車大隊
11月27日以降、P・ベローフ騎兵軍団とともに行動。

第113独立戦車大隊

第123独立戦車大隊
11月28日〜12月5日の間、第1突撃軍の編制内でヤフローマ地区にて行動。

第125独立戦車大隊
11月21日以降、第50軍地帯で活動。

第126独立戦車大隊

第127独立戦車大隊
11月27日以降、P・ベローフ騎兵軍団とともに行動。

第129独立戦車大隊

第133独立戦車大隊

第134独立戦車大隊

第136独立戦車大隊
12月1日現在、T-34中戦車10両、T-60軽戦車10両、Mk.III ヴァレンタイン戦車9両、Mk.II マチルダ戦車3両を保有。

第138独立戦車大隊

第140独立戦車大隊
12月5日現在、KV重戦車4両、T-34中戦車4両、T-60軽戦車1両、T-26軽戦車1両を保有。

第151独立戦車大隊
第151自動車化狙撃兵旅団の編制内で行動。11月10日の部隊解散時点でT-34中戦車1両とT-26軽戦車3両のみ残存。

第270独立戦車大隊
KV重戦車2両、T-34中戦車5両、T-30軽戦車8両を保有し、10月25日、オジンツォーヴォ駅に到着。第82自動車化狙撃兵師団の編制内で行動。

第18狙撃兵旅団独立戦車中隊
12月5日現在、T-34中戦車5両、BT-7快速戦車3両、BT-5快速戦車1両を保有。

参考文献と資料

1. ロシア国防省中央公文書館：西部方面軍機甲科司令部、ブリャンスク方面軍機甲科司令部、第5軍司令部、第16軍司令部、第30軍司令部、第50軍司令部の各フォンド
2. A・M・サムソーノフ『モスクワ郊外の偉大なる戦い（1941年〜1942年）』、モスクワ、1958年刊
3. 『モスクワ郊外のナチス・ドイツ軍部隊の壊滅』、モスクワ、1964年刊
4. D・Z・ムリーエフ『"タイフーン"作戦の崩壊』、モスクワ、1972年刊
5. L・A・ベズィメンスキー『"タイフーン"の鎮静』、モスクワ、1978年刊
6. 『モスクワ郊外の戦い』、モスクワ、1989年
7. 『大祖国戦争　1941年〜1945年』(全4巻)：第1巻『過酷な試練』、モスクワ、1995年刊
8. Steinhoff J. Deutsche im Zweiten Weltkrieg. Munchen, 1968.
9. Thomas J. Jents. Panzer truppen 1935 - 1945. Bd. 1. 1996.
10. Munzel O. Panzer - Taktik. Nekargemund. 1959.

［著者］
マクシム・コロミーエツ
1968年モスクワ市生まれ。1994年にバウマン記念モスクワ高等技術学校（現バウマン記念モスクワ国立工科大学）を卒業後、ロシア中央軍事博物館に研究員として在籍。1997年からはロシアの人気戦車専門誌『タンコマーステル』の編集員も務め、装甲兵器の発達、実戦記録に関する記事の執筆も担当。1999年には自ら出版社「ストラテーギヤKM」を起こし、「フロントヴァヤ・イリュストラーツィヤ」誌を2000年から定期刊行中。最近まで内外に閉ざされていたソ連側資料を駆使して、独ソ戦の真実に迫ろうとしている。著書『バラトン湖の戦い』は大日本絵画から邦訳出版され、『アーマーモデリング』誌にも記事を寄稿、その他著書、記事多数。

［翻訳］
小松徳仁（こまつのりひと）
1966年福岡県生まれ。1991年九州大学法学部卒業後、製紙メーカーに勤務。学生時代から興味のあったロシアへの留学を志し、1994年に渡露。2000年にロシア科学アカデミー社会学・政治学研究所付属大学院を中退後、フリーランスのロシア語通訳・翻訳者として現在に至る。訳書には『バラトン湖の戦い』、『モスクワ上空の戦い』（いずれも大日本絵画刊）がある。また、マスコミ報道やテレビ番組制作関連の通訳・翻訳にも多く携わっている。

［監修］
齋木伸生（さいきのぶお）
1960年東京都生まれ。早稲田大学大学院法学研究科博士課程修了。外交史と安全保障を研究、ソ連・フィンランド関係とフィンランドの安全保障政策が専門。現在は軍事評論家として、取材、執筆活動を行っている。主な著書に、『戦車隊エース』（コーエー）『ドイツ戦車発達史』（光人社）『フィンランドのドイツ戦車隊（翻訳）』（大日本絵画）などがある。また、『軍事研究』『丸』『アーマーモデリング』などに寄稿も数多い。

独ソ戦車戦シリーズ 4

モスクワ防衛戦
「赤い首都」郊外におけるドイツ電撃戦の挫折

発行日	2004年4月5日　初版第1刷
著者	マクシム・コロミーエツ
翻訳	小松徳仁
監修	齋木伸生
発行者	小川光二
発行所	株式会社大日本絵画
	〒101-0054　東京都千代田区神田錦町1丁目7番地
	tel. 03-3294-7861（代表）　http://www.kaiga.co.jp
企画・編集	株式会社アートボックス
	tel. 03-6820-7000　fax. 03-5281-8467
装丁・デザイン	関口八重子
DTP	小野寺徹
印刷・製本	大日本印刷株式会社

ISBN4-499-22832-8 C0076

ФРОНТОВАЯ
ИЛЛЮСТРАЦИЯ
FRONTLINE ILLUSTRATION

БИТВА ЗА МОСКВУ
30 сентября - 5 декабря 1941 года

by Максим КОЛОМИЕЦ

©Стратегия КМ 2002

Japanese edition published in 2004
Translated by Norihito KOMATSU
Publisher DAINIPPON KAIGA Co.,Ltd.
Kanda Nishikicho 1-7, Chiyoda-ku, Tokyo
101-0054 Japan
©DAINIPPON KAIGA Co.,Ltd.
Norihito KOMATSU, Nobuo SAIKI
Printed in Japan